U0352255

丛 书 主 编：马克平

丛 书 编 委：曹　伟　陈　彬　冯虎元　郎楷永

　　　　　　李振宇　刘　冰　彭　华　覃海宁

　　　　　　田兴军　邢福武　严岳鸿　杨亲二

　　　　　　应俊生　于　丹　张宪春

本 册 主 编：冯虎元　潘建斌

本 册 副主编：孙学刚　张　勇　安黎哲

本 册 审 稿：陈世龙　孙　坤

技 术 指 导：刘　冰　陈　彬

FIELD GUIDE TO
WILD PLANTS OF CHINA

中国常见植物
野外识别手册

Qilian
Mountains
祁连山册

商务印书馆
The Commercial Press
创于 1897

图书在版编目(CIP)数据

中国常见植物野外识别手册.祁连山册/马克平主编;冯虎元,潘建斌分册主编.—北京:商务印书馆,2016(2024.5重印)

ISBN 978 - 7 - 100 - 11663 - 3

Ⅰ.①中… Ⅱ.①马…②冯…③潘… Ⅲ.①植物—识别—中国—手册②祁连山—植物—识别—手册 Ⅳ.①Q949 - 62

中国版本图书馆 CIP 数据核字(2015)第 245744 号

中国常见植物野外识别手册

祁连山册

马克平 主编

冯虎元 潘建斌 本册主编

商 务 印 书 馆 出 版
(北京王府井大街 36 号 邮政编码 100710)
商 务 印 书 馆 发 行
北京新华印刷有限公司印刷
ISBN 978 - 7 - 100 - 11663 - 3

2016 年 3 月第 1 版　　　开本 880×1240 1/48
2024 年 5 月北京第 5 次印刷　　印张 8½

定价:76.00 元

序 Foreword

历经四代人之不懈努力，浸汇三百余位学者毕生心血，述及植物三万余种，卷及126册的巨著《中国植物志》已落笔告罄。然当今已不是"腹中贮书一万卷，不肯低头在草莽"的时代，如何将中国植物学的知识普及芸芸众生，如何用中国植物学知识造福社会民众，如何保护当前环境中岌岌可危的濒危物种，将是后《中国植物志》时代的一项伟大工程。念及国人每每旅及欧美，常携一图文并茂的 *Field Guide*（《野外工作手册》），甚是方便；而国人及外宾畅游华夏，却只能搬一大本大部头的 *Flora*（《植物志》），实乃吾辈之遗憾。由中国科学院植物研究所马克平所长主持编撰的这套《中国常见野生植物识别手册》丛书的问世，当是填补空白之举，令人眼前一亮，颇觉欢喜，欣然为序。

丛书的作者主要是全国各地中青年植物分类学骨干，既受过系统的专业训练，又熟悉当下的新技术和时尚。由他们编写的植物识别手册已兼具严谨和活泼的特色，再经过植物分类学专家的审订，益添其精准之长。这套丛书可与《中国植物志》《中国高等植物图鉴》《中国高等植物》等学术专著相得益彰，满足普通植物学爱好者及植物学研究专家不同层次的需求。更可喜的是，这种老中青三代植物学家精诚合作的工作方式，亦让我辈看到了中国植物学发展新的希望。

"一花独放不是春，百花齐放春满园。"相信本系列丛书的出版，定能唤起更多的植物分类学工作者对科学传播、环保宣传事业的关注；能够指导民众遍地识花，感受植物世界之魅力独具。

谨此为序，祝其有成。

王文采

2009年3月31日

前言 Preface

　　自然界丰富多彩，充满神奇。植物如同一个个可爱的精灵，遍布世界的各个角落：或在茫茫的戈壁滩上，或在漫漫的海岸线边，或在高高的山峰，或在深深的峡谷，或形成广袤的草地，或构筑茂密的丛林。这些精灵们一天到晚忙碌着，成全了世界的五彩缤纷，也为人类制造赖以生存的氧气并满足人们衣食住行中方方面面的需求。中国是世界上植物种类最多的国家之一，全世界已知的30余万种高等植物中，中国的高等植物超过3万种。当前，随着人类经济社会的发展，人与环境的矛盾日益突出：一方面，人类社会在不断地向植物世界索要更多的资源并破坏其栖息环境，致使许多植物濒临灭绝；另一方面，又希望植物资源能可持续地长久利用，有更多的森林和绿地能为人类提供良好的居住环境和新鲜的空气。

　　如何让更多的人认识、了解和分享植物世界的妙趣，从而激发他们合理利用和有效保护植物的热情？近年来，在科技部和中国科学院的支持下，我们组织全国20多家标本馆建设了中国数字植物标本馆（Chinese Virtual Herbarium，简称CVH）、中国自然植物标本馆（Chinese Field Herbarium，简称CFH）等植物信息共享平台，收集整理了包括超过10万张经过专家鉴定的植物彩色照片和近20套植物志书的数字化植物资料并实现了网络共享。这个平台虽然给植物学研究者和爱好者提供了方便，却无法顾及野外考察、实习和旅游的便利性和实用性，可谓美中不足。这次我们邀请全国各地的植物分类学专家，特别是青年学者编撰一套常见野生植物识别手册的口袋书，每册包括具有区系代表性的地区、生境或类群中的500～700种常见植物，是这方面的一次尝试。

　　记得1994年我第一次去美国时见到*Peterson Field Guide*（《野外工作手册》），立刻被这种小巧玲珑且图文并茂的形式所吸引。近年来，一直想组织编写一套适于植物分类爱好者、初学者的口袋书。《中国植物志》等志书专业性非常强，《中国高等植物图鉴》等虽然有大量的图版，但仍然很专业。而且这些专业书籍都是多卷册的大部头，不适于非专业人士使用。有鉴于此，我们力求做一套专业性的科普丛书。专业性主要体现在丛书的文字、内容、照片的科学性，要求作者是专业人员，且内容经过权威性专家审定；普及性即考虑到爱好者的接受能力，注意文字内容的通俗性，以精彩的照片"图说"为主。由此，丛书的编排方式摒弃了传统的学院式排列及检索方式，采用人们易于接受的形式，诸如：按照植物的生活型、叶形叶序、花色等植物性状进行分类；在选择地区或生境类型时，除考虑区系代表性外，还特别重视游人多的自然景点或学生野外实习基地。植物收录范围主要包括某一地区或生境常见、重要或有特色的野生植物种类。植物中文名主要参考《中国植物志》；拉丁学名以"中国生物物种名录"（http://base.sp2000.cn/colchina_c13/search.php）为主要依据；英文名主要参考美国农业部网站（http://www.usda.gov）和《新编拉汉英种子植物名称》。同时，为了方便外国朋友学习中文名称的发音，特别标注了汉语拼音。

本丛书自2007年初开始筹划，2009年和2013年在高等教育出版社出版了山东册和古田山册，受到读者的好评。2013年9月与商务印书馆教科文中心主任刘雁等协商，达成共识，决定改由商务印书馆出版，并承担出版费用。欣喜之际，特别感谢王文采院士欣然作序热情推荐本丛书；感谢各位编委对于丛书整体框架的把握；感谢各分册作者辛苦的野外考察和通宵达旦的案头工作；感谢刘冰协助我完成书稿质量把关和图片排版等重要而烦琐的工作，感谢严岳鸿、陈彬、刘夙、李敏和孙英宝等诸位年轻朋友的热情和奉献。同时也非常感谢科技部平台项目的资助；感谢普兰塔论坛（http://www.planta.cn）的"塔友"为本书的编写提出的宝贵意见，感谢读者通过亚马逊（http://www.amazon.cn）和豆瓣读书（http://book.douban.com）等对本书的充分肯定和改进建议。

尽管因时间仓促，疏漏之处在所难免，但我们还是衷心希望本丛书的出版能够推动中国植物科学知识的普及，让人们能够更好地认识、利用和保护祖国大地上的一草一木。

于北京香山

2014年9月2日

本册简介 Introduction to this book

　　读者朋友，也许您是喜欢野外观花等户外运动的游客，也许是植物学的爱好者，也许是生命科学相关专业的学生或是从事科研工作的研究人员。总之，只要您需要在野外识别植物，本书就可能成为您的好帮手。本书介绍了祁连山区常见维管植物80科296属569种（包括8亚种、14变种、1变型），约占祁连山区维管植物种类的44%。植物种类的选择上除了考虑常见之外，还选择了一些具有本区特色的植物。在中国植物区系中，祁连山植物区系属于泛北极植物区、青藏高原植物亚区唐古特地区，是该地区区系向东北延伸的部分，与甘肃中部、西南部的兴隆山、马啣山、莲花山、太子山和甘南高原以及青海省东部和北部的植物区系组成具有很大的相似性，因此本手册收录的植物对于这些地区的常见植物识别具有重要的参考价值。

　　祁连山是亚洲中部著名的高大山系之一，位于甘肃省西部和青海省东北部。祁连山脉西起阿尔金山山脉的当金山口，东至黄河谷地，北临河西走廊，南濒柴达木盆地。东西长900～1000千米，南北宽250～300千米，面积约20.6万平方千米。祁连山脉绝大部分海拔为3500～5000米，其最高峰疏勒南山的团结峰高达5808米。

　　祁连山地理位置特殊，是中国第一、二级阶梯、内蒙古高原和青藏高原、内流区和外流区、草原景观和荒漠景观、青藏高寒气候区和西北干旱半干旱区的分界线。祁连山孕育了河西走廊石羊河、黑河和疏勒河三大水系及其多条内陆河流，是河西走廊的生命线。

　　广义的祁连山由一系列北西西—南东东走向的平行山脉和谷地组成，主要包括走廊南山、冷龙岭、托来山、达坂山、疏勒南山、大通山、党河南山等。在酒泉与柴达木盆地间有7条平行排列的山岭，其间则为宽广谷地，南北宽达250千米。往东山地渐趋低矮与狭窄，武威以南宽约150千米，只剩3条平行山岭，包括走廊南山—冷龙岭—乌鞘岭、大通山—达坂山、青海南山—拉脊山三列平行山系，其间夹有大通河谷地、湟水谷地和青海湖盆地。

　　狭义的祁连山仅指最北一列，即祁连山系北部诸山脉。北祁连山自东至西，可分为东、中、西三段。武威市以南为东段，主要有冷龙岭—毛毛山、大通山—达坂山、青海南山—拉脊山等。

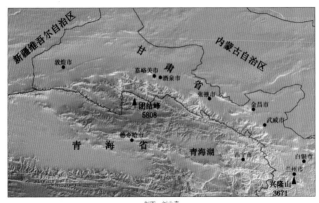

制图：刘业森

祁连山脉的东延余脉形成马㖊山、兴隆山脉，最后没入黄土高原之中。张掖市以南为中段，主要有走廊南山、托来山、托来南山、疏勒南山等。酒泉市以南为西段，主要有野马山、鹰嘴山、野马南山、党河南山等。

祁连山大部分地区属大陆性气候，东段受东南季风的影响较大，气候比较湿润，降水量多于西段。山地气候垂直变化明显，一般山前、低山属荒漠气候，年降水量约150毫米；中山下部属半干旱草原气候，年降水量250～300毫米；中山上部为半湿润森林草原气候，年降水量400～500毫米；亚高山和高山属寒冷湿润气候，年降水量约800毫米。

祁连山东段植物种类较多，西段分布的乔木和灌木较少。另外，受山地气候垂直变化的影响，植被类型也出现相应的垂直变化，自下而上依次呈现出草原化荒漠植被、山地草原、山地森林草原、高山灌丛草甸和高山垫状植被。

（1）海拔2000～2300米为荒漠带，主要以旱生的灌木、半灌木和草本为优势种。

（2）海拔2300～2800米为浅山区，主要为山地草原，有西北针茅（*Stipa sareptana* var. *krylovii*）草原、紫花针茅（*Stipa purpurea*）草原、短花针茅（*Stipa breviflora*）草原、芨芨草（*Achnatherum splendens*）及杂草草原、薹草草原等几种草原类型。

（3）海拔2800～3200米为中山区，主要为山地森林草原带，阴坡和半阴坡适宜青海云杉（*Picea crassifolia*）林生长，阳坡和半阳坡适宜祁连圆柏（*Juniperus przewalskii*）林生长，与灌丛、草原镶嵌分布。

（4）海拔3200～4000米为亚高山区，主要为高山灌丛草甸，以耐寒的灌木、草本为主。阴坡和半阴坡分布有高寒常绿灌丛和高寒落叶阔叶灌丛，如杜鹃灌丛和柳灌丛，阳坡和平缓地段主要为高寒草甸。

（5）海拔4000～4500米为高山区，该地区气候寒冷，只能生长耐寒的垫状植被，主要有甘肃雪灵芝（*Arenaria kansuensis*）、垫状点地梅（*Androsace tapete*）、水母雪兔子（*Saussurea medusa*）、小丛红景天（*Rhodiola dumulosa*）等。

祁连山西段属于高寒荒漠区，鉴于本套丛书中有一册专门介绍荒漠地区的植物，因此祁连山西段分布的红砂（*Reaumuria soongarica*）、白刺（*Nitraria tangutorum*）、合头草（*Sympegma regelii*）等荒漠植物并未收录在本书中。

本书所记载的每种植物均配有花果期（蕨类植物为孢子期）的图例，植物图片均为作者在祁连山及周边地区拍摄，在一些植物介绍时附有1～2种形态相似的物种。这里的"相似"指的是花、果、叶等形态学上的相似，并非亲缘关系上的相近。

希望本书能为您在祁连山及其邻近地区旅行带来更多的快乐，让您通过此书认识更多的植物，更希望您能提出您的宝贵意见和建议，以便我们及时改正。

使用说明 How to use this book

　　本书的检索系统采用目录树形式的逐级查找方法。先按照植物的生活型分为三大类：木本、藤本和草本。

　　木本植物按叶形的不同分为三类：叶较窄或较小的为针状或鳞片状叶，叶较宽阔的分为单叶和复叶。藤本植物不再做下级区分。草本植物首先按花色分为七类，由于蕨类植物没有花的结构，禾草状植物没有明显的花色区分，列于最后。每种花色之下按花的对称形式分为辐射对称和两侧对称*。辐射对称之下按花瓣数目再分为二至六；两侧对称之下分为蝶形、唇形、有距、兰形及其他形状；花小而多，不容易区分对称形式的单列，分为穗状花序和头状花序两类。

　　正文页面内容介绍和形态学术语图解请见后页。

---

* 注：为方便读者理解和检索，本书采用了"辐射对称"与"两侧对称"这种在学术上并不严谨的说法。

花绿色或花被不明显

乔木和灌木（人高1.7米）
Tree and shrub (The man is 1.7 m tall)

草本和禾草状草本（书高18厘米）
Herb and grass-like herb (The book is 18 cm tall)

植株高度比例 Scale of plant height

上半页所介绍种的生活型、花特征的描述
Discription of habit and flower features of the species placed in the upper half of the page

上半页所介绍的种的图例
Legend for the species placed in the upper half of the page

叶、花、果期（空白处表示落叶）
Leaf, flowering and fruiting stage (Blank indicates deciduous)

在中国的地理分布
Distribution in China

属名 Genus name

科名 Family name

别名 Chinese local name

中文名 Chinese name

拼音 Pinyin

学名（拉丁名）Scientific name

英文名 Common name

主要形态特征的描述
Discription of main features

生境
Habitat

在形态上相似的种
（并非在亲缘关系上相近）
Similar species in appearance rather than in relation

识别要点
（识别一个种或区分几个种的关键特征）
Distinctive features
(Key characters to identify or distinguish species)

相似种的叶、花、果期
Leafing, flowering and fruiting period of the similar species

页码 Page number

草本植物 花黄色 辐射对称 花瓣五

矮金莲花 五金草　毛茛科 金莲花属
Trollius farreri
Dwarf Globeflower ｜ ǎijīnliánhuā

多年生草本，茎高5～17厘米，不分枝①②，叶3～4片，全部基生或近基生①②；叶片轮廓五角形，3全裂②左右；花单生茎顶①②；萼片5枚，花黄色①②左右，有时为暗紫色②右，宿存；花瓣比雄蕊短，后狭条形，近基部处有蜜槽；雄蕊多数；心皮6～25枚②。

——生于山地草坡。

相似种：**毛茛状金莲花**【*Trollius ranunculoides*，毛茛科 金莲花属】茎不分枝或自基部以上1～2条长枝③；茎生叶3～10片，基生叶1～3片；叶片五角形，3全裂，侧裂片不等2深裂至基部③左右；花单生茎端或枝端③，萼片5枚，黄色③；花瓣比雄蕊稍短，黄色③；雄蕊多数；心皮7～9枚，生境同上。

矮金莲花花葶长17厘米以下，无茎生叶，萼片宿存；毛茛状金莲花单生于高达18厘米，有茎生叶，萼片早落等点。

1 2 3 4 5 6 7 8 9 10 11

驴蹄草 马蹄菜　毛茛科 驴蹄草属
Caltha palustris
Common Marshmarigold ｜ lǘtícǎo

多年生草本；有多数须根或根须，茎高20（或10）～48厘米，上在中部或中部以上分1～3分枝或不分3～7片，有长柄；叶片圆肾形、圆肾形或心形形，基部深心形成心基2瓣片互成有圆叶心形，边缘全部密生正三角状小圆齿小尖头，或近全缘的正三角齿叶而近，茎生叶4～2花花瓣正三角或心形，具全不具体；茎或分枝顶部有2花花的简单的单歧聚伞花序①②；花瓣正三角状心形，边缘生三角有小尖头，萼片5枚，黄色①②，心皮5～12枚；蓇葖果。

生于山谷溪边或湿草地。

相似种与驴蹄草，圆肾形或心形，边缘全部密生三角形小齿，萼片5枚，花瓣状，黄色，蓇葖果。

1 2 3 4 5 6 7 8 9 10 11

10

花辐射对称，花瓣二

花两侧对称，蝶形

植株禾草状，花序特化为小穗

花辐射对称，花瓣三

花两侧对称，唇形

花小 或无花被 或花被不明显

花辐射对称，花瓣四

花两侧对称，有距

花小而多，组成穗状花序

花辐射对称，花瓣五

花两侧对称，兰形或其他形状

花小而多，组成头状花序

花辐射对称，花瓣六*

花辐射对称，花瓣多数

* 注：花瓣分离时为花瓣六，
花瓣合生时为花冠裂片六，花
瓣缺时为萼片六或萼裂片六，
正文中不再区分，一律为"花
瓣六"；其他数目者亦相同。

草本植物 花黄色 辐射对称 花瓣五

花的大小比例（短线为1厘米）
Scale of flower size (The band is 1 cm long)

下半页所介绍种的生活型、花特征的描述
Discription of habit and flower features of the
species placed in the lower half of the page

下半页所介绍种的图例
Legend for the species placed in the lower half
of the page

上半页所介绍种的图片
Pictures of the species placed in the upper half
of the page

图片序号对应左侧文字介绍中的①②③...
The Numbers of Pictures are counterparts of
①, ②, ③, etc. in left discriptions

下半页所介绍种的图片
Pictures of the species placed in the lower half
of the page

术语图解 Illustration of Terminology

叶 Leaf

中脉 midrib
侧脉 lateral vein
叶片 blade
叶柄 petiole
托叶 stipule
茎 stem

禾草状植物的叶 Leaf of Grass-like Herb

秆 culm
叶片 blade
叶舌 ligule
叶鞘 sheath

叶形 Leaf Shapes

针状
acerose

条形
linear

披针形
lanceolate

倒披针形
oblanceolate

卵形
ovate

倒卵形
obovate

鳞片状
scale-like

椭圆形
elliptic

圆形
rounded

箭形
sagittate

心形
cordate

肾形
reniform

叶缘 Leaf Margins

全缘
entire

锯齿
serrate

重锯齿
biserrate

圆齿
crenate

波状
undulate

刺状锯齿
spiny-serrate

叶的分裂方式 Leaf Segmentation

不裂
entire

羽状分裂
pinnatifid

大头羽状分裂
lyrate

二回羽状分裂
bipinnatifid

掌状分裂
palmatifid

鸟足状分裂
pedate

单叶和复叶 Simple Leaf and Compound Leaves

单叶
simple leaf

奇数羽状复叶
odd-pinnately
compound leaf

偶数羽状复叶
even-pinnately
compound leaf

二回羽状复叶
bipinnately
compound leaf

掌状复叶
palmately
compound leaf

单身复叶
unifoliate
compound leaf

叶序 Leaf Arrangement

互生
alternate

螺旋状着生
spirally arranged

对生
opposite

轮生
whorled

簇生
fasciculate

基生
basal

花 Flower

花瓣 petal
花药 anther
花丝 filament
柱头 stigma
萼片 sepal
花柱 style
子房 ovary
花托 receptacle
花梗/花柄 pedicel

花梗/花柄 pedicel
花托 receptacle
萼片 sepal } 统称 花萼 calyx
花瓣 petal } 统称 花冠 corolla } 花被 perianth
花丝 filament
花药 anther } 雄蕊 stamen } 统称 雄蕊群 androecium
子房 ovary
花柱 style
柱头 stigma } 雌蕊 pistil } 统称 雌蕊群 gynoecium

花 Flower

花序 Inflorescences

总状花序 raceme

穗状花序 spike

伞形花序 umbel

伞房花序 corymb

柔荑花序 catkin

头状花序 head

圆锥花序/复总状花序 panicle

复穗状花序 compound spike

复伞形花序 compound umbel

隐头花序 hypanthodium

蝎尾状聚伞花序 cincinnus

镰状聚伞花序 drepanium

二歧聚伞花序 dichasium

多歧聚伞花序 polychasium

轮状聚伞花序/轮伞花序 verticillaster

果实 Fruits

浆果
berry

核果
drupe

梨果
pome

荚果
legume

蓇葖果
follicle

蒴果
capsule

长角果，短角果
silique, silicle

瘦果
achene

翅果
samara

坚果
nut

聚合果
aggregate fruit

聚花果/复果
multiple fruit

13

青海云杉 松科 云杉属

Picea crassifolia

Thickleaf Spruce | qīnghǎiyúnshān

常绿乔木；树冠塔形①；小枝基部宿存芽鳞的先端常反曲（③左上）；叶在枝上螺旋状着生，四棱状条形（③左）；球果圆柱形②，球果单生侧枝顶端②，下垂②，幼果紫红色②，熟前种鳞背部变绿②，上部边缘仍呈紫红色②，熟后褐色。

生于山地、山坡。

相似种：青杆【*Picea wilsonii*，松科 云杉属】小枝基部宿存芽鳞紧贴小枝（③右上）；叶条形（③右）；球果单生侧枝顶端④，下垂④，卵状圆柱形④，熟前绿色④，熟时黄褐色。生于山地、山坡。

青海云杉针叶粗而长，长1.2～3.5厘米，小枝基部宿存芽鳞的先端常反曲；青杆针叶细而短，长0.8～1.3厘米，小枝基部宿存芽鳞紧贴小枝。

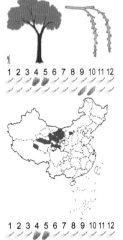

油松 短叶松 松科 松属

Pinus tabuliformis

Chinese Pine | yóusōng

常绿乔木①；树冠近平顶状；一年生枝淡红褐色；二、三年生枝上的苞片宿存；针叶2针1束②，粗硬，叶鞘宿存；雄球花圆柱形②，在新枝下部聚生成穗状②；雌球花圆球形或卵形（③左上），紫色，单生或数个生于新枝顶端③；球果卵形或圆卵形④，有短梗，向下弯垂，成熟前绿色，熟时淡黄色或淡褐黄色④，常宿存树上近数年之久④；种鳞的鳞盾肥厚，鳞脐凸起有刺尖。

生于阴坡、半阴坡。

相似种：华北落叶松【*Larix gmelinii* var. *principis-rupprechtii*，松科 落叶松属】乔木；叶窄条形⑤；球果长卵圆形⑤，熟时淡褐色，有光泽⑤；种鳞背面光滑无毛⑤，边缘不反曲⑤。生于山地、山坡。

油松为常绿乔木，针叶在短枝上2针1束；华北落叶松为落叶乔木，针叶在短枝上簇生。

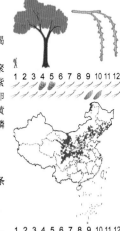

祁连圆柏 陇东圆柏 柏科 刺柏属

Juniperus przewalskii

Qilian Savin | qíliányuánbǎi

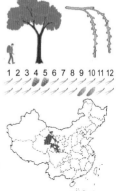

1 2 3 4 5 6 7 8 9 10 11 12

乔木，稀灌木状①；树干直①或略扭，树皮灰色或灰褐色，裂成条片脱落；小枝不下垂①；叶有刺叶与鳞叶，鳞叶交互对生②，排列较疏，菱状卵形，上部渐狭，先端尖、背面多被蜡粉；雌雄同株，雄球花卵圆形；球果卵圆形②，熟后蓝褐色，具1粒种子。

生于阳坡。

相似种：刺柏【*Juniperus formosana*，柏科 刺柏属】树皮褐色，纵裂成长条薄片脱落；小枝下垂；叶三叶轮生③、全部刺形③④；球果近球形④，成熟时淡红褐色，被白粉。生于山坡、河谷、林下。

祁连圆柏叶二型，鳞形和刺形，叶基下延，不具关节；刺柏叶全部刺形，叶基不下延，具关节。

1 2 3 4 5 6 7 8 9 10 11 12

侧柏 扁柏 柏科 侧柏属

Platycladus orientalis

Oriental Arborvitae | cèbǎi

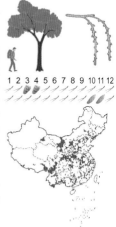

1 2 3 4 5 6 7 8 9 10 11 12

乔木；枝条向上伸展或斜展①；生鳞叶的小枝细，向上直展或斜展，扁平，排成一平面②；叶鳞形②，先端微钝；雄球花黄色②，卵圆形②；雌球花近球形，蓝绿色，被白粉；球果近卵圆形，成熟前近肉质，蓝绿色，被白粉，成熟后木质③，开裂，红褐色③；种鳞4对，中间2对种鳞的鳞背顶端下方有一向外弯曲的尖头，上部1对种鳞窄长，近柱状，顶端有向上的尖头，下部1对种鳞极小，稀退化而不显著。

生于山谷、山地、阳坡、平原。

侧柏小枝叶全为鳞形叶，小枝扁平，排成一平面，雌雄同株，球果近卵圆形，成熟后开裂，种鳞4对。

单子麻黄　麻黄科 麻黄属
Ephedra monosperma

Oneseed Ephedra　│　dānzǐmáhuáng

草本状矮小灌木①②，高5～15厘米；木质茎短小，多分枝①②，绿色小枝开展或稍开展①②；叶2片对生，膜质鞘状；雄球花多成复穗状，雄蕊7～8枚，花丝完全合生；雌球花苞片3对，基部合生，雌花通常1枚，稀2枚；雌球花成熟时肉质红色①，微被白粉；种子外露，多为1粒。

生于山坡石缝、林木稀少的干燥地区。

相似种：木贼麻黄【*Ephedra equisetina*，麻黄科麻黄属】植株高大，直立，可达1米④；雄球花单生或3～5个集生于节上③，雌球花单生于节上，成熟时肉质红色。生于干旱地区的山脊、山顶处。

单子麻黄植株矮小，高5～15厘米，雄花穗有柄；木贼麻黄植株高大，可高达1米，雄花穗几无柄。

山杨　杨柳科 杨属
Populus davidiana

David's Poplar　│　shānyáng

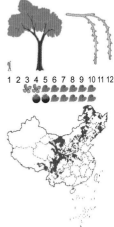

乔木；树皮灰白色，老树基部黑色粗糙；小枝赤褐色②；芽卵形②，无毛，微有黏质；叶三角状卵圆形①③，长宽近相等，先端圆钝或急尖①③，基部宽楔形或圆形，边缘有波状钝齿①③，幼时微有柔毛和睫毛，老时无毛；萌枝叶大，三角状卵圆形，下面被柔毛；叶柄侧扁；花序轴有疏毛；苞片棕褐色②，掌状条裂（②左上），边缘有密长毛（②左上）；雄蕊6～11枚，花药紫红色；雌花序长4～7厘米；柱头2枚，2深裂；蒴果椭圆状纺锤形，2瓣裂开。

生于山坡、山脊、沟谷。

山杨叶三角状卵圆形，边缘有波状钝齿，苞片棕褐色，掌状条裂，边缘有密长毛，蒴果椭圆状纺锤形。

山生柳 杨柳科 柳属

Salix oritrepha

Mountain Willow | shānshēngliǔ

　　直立矮小灌木，高60～120厘米；叶椭圆形，全缘①②③；叶柄紫色，具短柔毛或近无毛；雄花序圆柱形①，花密集，具2～3枚小叶①；雌花序长1～1.5厘米，花密生②；花柱2裂②，柱头2裂②；苞片宽倒卵形，两面злив毛，深紫色，与子房近等长；腺体2个，基部结合，形成假花盘状；蒴果③。

　　生于山脊、山坡、河边。

　　相似种：中国黄花柳【*Salix sinica***，杨柳科 柳属】**叶椭圆状披针形，无毛，边缘有不规整的牙齿；花先叶开放④；雄花序无梗④；雄蕊2枚，花药黄色④；蒴果线状圆锥形。生于山谷、山坡、路边及河滩。

　　山生柳叶卵圆形，全缘，花叶同期；中国黄花柳叶椭圆状披针形，边缘有牙齿，花先叶开放。

榆树 白榆　榆科 榆属

Ulmus pumila

Siberian Elm | yúshù

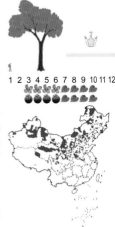

　　落叶乔木，在干瘠之地长成灌木状；小枝淡黄灰色、淡褐灰色或灰色①；冬芽近球形或卵圆形，芽鳞背面无毛；叶椭圆状卵形⑤，先端渐尖或长渐尖，叶面平滑无毛⑤，边缘具重锯齿或单锯齿⑤；花先叶开放③④，在去年生枝的叶腋成簇生状③，花被4～5枚，雄蕊4～5枚，花药紫色③④，伸出于花被片之外④；子房扁平，花柱2裂；翅果近圆形①②，稀倒卵状圆形，果核部分位于翅果的中部①，成熟前后其色与果翅相同，初淡绿色①②，后白黄色。

　　生于山坡、山谷、丘陵及沙岗。

　　榆树叶椭圆状卵形，边缘具重锯齿或单锯齿，花先叶开放，簇生在去年生枝的叶腋，翅果近圆形。

白桦 桦木科 桦木属

Betula platyphylla

Asia White Birch | báihuà

乔木；树皮灰白色（④上），成层剥裂；叶厚纸质，三角状卵形①，顶端锐尖①，基部截形①，边缘具重锯齿①；雄花序成对顶生枝上，雌花序生于侧生小枝叶腋①，常下垂①。

生于山坡、山梁。

相似种：红桦【*Betula albosinensis*，桦木科 桦木属】树皮红褐色③，纸状剥落，无毛；叶卵形②，边缘具不规则的重锯齿②。生境同上。

糙皮桦【*Betula utilis*，桦木科 桦木属】树皮暗褐色（④下），层块状剥落；叶厚纸质，卵形⑤，边缘具不规则的锐尖重锯齿⑤。生境同上。

白桦树皮灰白色；红桦树皮红褐色，纸状剥落；糙皮桦树皮暗褐色，层块状剥落。

虎榛子 棱榆 桦木科 虎榛子属

Ostryopsis davidiana

David's Ostryopsis | hǔzhēnzǐ

灌木；叶宽卵形①②，边缘有重锯齿①②，中部以上有浅裂；花、叶同放，下垂（①右上）；果常多个聚为总状，总苞厚纸质，下半部紧包果实①，上半部渐狭，外面密生短柔毛，先端浅4裂，成熟后一侧开裂；坚果宽卵形。

生于山坡灌丛。

相似种：毛榛【*Corylus mandshurica*，桦木科 榛子属】叶矩圆状卵形④，边缘有不规则粗锯齿④，中部以上通常有浅裂；雄花序2～4枚排成总状，花先叶开放（③右下）；果2～6个簇生③；总苞管状③，被硬毛③；坚果球形。生境同上。

虎榛子叶具重锯齿，总苞囊状，密生短柔毛；毛榛叶具不规则的粗锯齿，总苞管状，被硬毛。

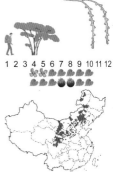

蒙古栎 辽东栎 壳斗科 栎属

Quercus mongolica

Mongol Oak | měnggǔlì

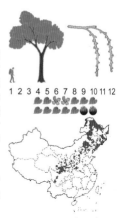

1 2 3 4 5 6 7 8 9 10 11 12

落叶乔木；树皮灰褐色，纵裂；小枝红褐色或暗褐色，平滑无毛；叶片倒卵形①，叶缘有5～7对圆齿①，侧脉每边5～7(或10)条①；雄花柔荑花序②，生于新枝基部②，花被6～7裂；雄蕊通常8枚；雌花序生于新枝上端叶腋，花被通常6裂；壳斗浅杯形或碗形③④，包着坚果约1/3③；小苞片长三角形，扁平微凸起，被稀疏短茸毛；坚果卵形或长椭圆形③④，顶端有短茸毛，果脐微凸起。

生于阳坡、半阳坡。

蒙古栎落叶乔木，叶片倒卵形，叶缘有5～7对圆齿，雄花柔荑花序，壳斗浅杯形或碗形，坚果卵形或长椭圆形。

华北驼绒藜 藜科 驼绒藜属

Krascheninnikovia arborescens

Arborescent Ceratoides | huáběituórónglí

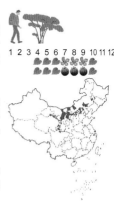

1 2 3 4 5 6 7 8 9 10 11 12

半灌木；株高1～2米，分枝多集中于上部①；全体密被星状毛，后期毛部分脱落；叶披针形或矩圆状披针形①，向上渐狭，通常具明显的羽状叶脉；花单性同株；雄花无柄，数朵密簇在枝和小枝顶部构成念珠状或头状花序②，无苞片和小苞片；花被片4枚，膜质，基部稍联合，背部被星状毛；雄蕊4枚，与花被对生，花药2室，纵裂，花丝条形，伸出被外②；雌花无柄，1～2朵腋生，具苞片，无花被；果时管外中上部具4束长毛，下部具短毛；果实倒卵形，被毛③。

生于沙地、荒地或山坡上。

华北驼绒藜叶披针形或矩圆状披针形，花单性同株，雄花数朵成簇在枝和小枝顶部构成念珠状或头状花序，雌花无柄，1～2朵腋生，果实被毛。

木本植物 单叶

中国沙棘 黑刺 胡颓子科 沙棘属

Hippophae rhamnoides subsp. *sinensis*

Chinese Sandthorn | zhōngguóshājí

灌木至小乔木，高1~5米；单叶通常近对生①，纸质，狭披针形①；棘刺较多，粗壮，顶生③或侧生；嫩枝褐绿色，密被银白色星状柔毛；老枝灰黑色，粗糙；芽大，锈色；雄花淡黄色④，花被片2枚④；雌花具短柄，花被桶状；果实圆球形①②，成熟后橙黄色②。

生于向阳山坡。

相似种：西藏沙棘【*Hippophae tibetana***，胡颓子科 沙棘属】**矮灌木⑤，高4~60厘米；叶线形⑤，边缘全缘不反卷；叶腋通常无棘刺；雄花黄绿色，雄蕊4枚；雌花淡绿色；果实阔椭圆形，成熟时黄褐色至橙黄色，有黑色条纹。生于高原草地河漫滩。

中国沙棘高1~5米，棘刺多且粗壮，果实无条纹；西藏沙棘高4~60厘米，叶腋通常无棘刺，果实具黑色条纹。

小叶铁线莲 毛茛科 铁线莲属

Clematis nannophylla

Smallleaf Clematis | xiǎoyètiěxiànlián

直立小灌木，高30~100厘米；枝有棱③，带红褐色③；单叶对生或数叶簇生③，几无柄或柄长达4毫米；叶片轮廓近卵形③，宽3~8毫米，羽状全裂③，有裂片2~3或4对③；花单生或聚伞花序有3朵花①②；萼片4枚①②，斜上展呈钟状，黄色①②，长椭圆形至倒卵形①②，外面有短柔毛，边缘密生茸毛，内面有短柔毛至近于无；雄蕊无毛，花丝披针形，长于花药；瘦果椭圆形④，有柔毛，宿存花柱长约2厘米，有黄色绢状毛④。

生于山地干山坡。

小叶铁线莲小灌木，叶羽状全裂，萼片4枚，黄色，无花瓣，雄蕊多数，瘦果椭圆形，宿存花柱有黄色绢状毛。

木本植物 单叶

紫花卫矛 冷地卫矛 卫矛科 卫矛属

Euonymus frigidus

Purpleflower Euonymus | zǐhuāwèimáo

灌木，高1～5米；叶对生②，卵形②，边缘具细密小锯齿，与花同时生出①；聚伞花序具细长花序梗，梗端有3～5分枝，每枝有3出小聚伞①；花瓣4枚①，深紫色①，花瓣长方椭圆形或窄卵形①；花盘扁方①，微4裂，子房扁①，花柱极短，柱头小；雄蕊无花丝①；蒴果近球状，紫红色②，悬垂于细长果梗上，圆形，具4条窄长翅；种子有红色假种皮。

生于山谷林中。

相似种：栓翅卫矛【*Euonymus phellomanus*，卫矛科 卫矛属】枝具4棱④，棱上常有长条状木栓质厚翅③④；叶对生，长椭圆形③④；花白绿色，4数；果四棱③④，粉红色③④，倒圆心形③④。生境同上。

紫花卫矛枝没有木栓翅，花紫色；栓翅卫矛枝具有木栓翅，花白绿色。

八宝茶 中亚卫矛 卫矛科 卫矛属

Euonymus semenovii

Eight Treasures Tea | bābǎochá

小灌木，茎枝常具4棱栓翅，小枝具4窄棱；叶对生①，窄卵形①，边缘有细密浅锯齿①；聚伞花序多为一次分枝，具花3朵或达7朵①；花序梗细长丝状；花瓣4枚，深紫色①，偶带绿色；雄蕊着生花盘四角的凸起上，无花丝；子房无花柱；蒴果扁圆倒锥状或近球状②，成熟后紫色，顶端4浅裂；种子黑紫色，橙色假种皮包围种子基部。

生于林下、林缘及灌丛。

相似种：矮卫矛【*Euonymus nanus*，卫矛科 卫矛属】叶互生或三叶轮生偶有对生，线形或线状披针形③；聚伞花序具1～3朵花，花瓣4枚③，紫红色③；蒴果4浅裂。生境同上。

八宝茶叶对生，窄卵形，花深紫色；矮卫矛叶互生或三叶轮生偶有对生，线形或线状披针形，花紫红色。

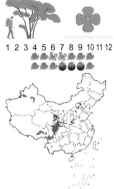

黑桦树　鼠李科 鼠李属

Rhamnus maximovicziana

Maximowicz's Buckthorn　|　hēihuàshù

灌木；小枝对生或近对生，枝端及分叉处常具刺；叶近革质①②，两面光滑①②，长枝上对生，短枝上簇生①②，椭圆形①②，近全缘或具不明显的细锯齿①②；花单性，雌雄异株，通常数个至10余个簇生于短枝端，4基数；核果近球形①②，成熟时变黑色②。

生于山坡灌丛。

相似种：甘青鼠李【Rhamnus tangutica，鼠李科 鼠李属】灌木；叶纸质或厚纸质，倒卵状椭圆形③④，边缘具钝齿③，对生或近对生③，或在短枝上簇生，叶背面干时变黄色；花单性，雌雄异株，4基数，有花瓣；核果倒卵状球形③④，成熟时黑色③④。生于山谷灌丛、林下。

黑桦树叶近革质，近全缘；甘青鼠李叶纸质，边缘具钝齿。

黄瑞香　瑞香科 瑞香属

Daphne giraldii

Girald Daphne　|　huángruìxiāng

落叶灌木；幼枝浅绿而带紫色，老枝黄灰色；叶互生②，纸质，常集生于小枝梢部，倒披针形②，边缘全缘，上面绿色，下面带白霜；花有微香，常3～8朵成顶生头状花序①，无苞片；花被筒状①，黄色①，裂片4枚，雄蕊8枚；核果卵形，成熟时红色②。

生于山地、林缘、林中。

相似种：唐古特瑞香【Daphne tangutica，瑞香科 瑞香属】常绿灌木③，幼枝被黄色短柔毛；叶革质，披针形，边缘全缘反卷⑤；花紫色③④，头状花序；雄蕊8枚，2轮，着生于花萼筒的中上部；果实卵形，成熟时红色⑤。生境同上。

黄瑞香落叶灌木，花黄色；唐古特瑞香常绿灌木，花紫色。

沙梾 毛山茱萸 山茱萸科 山茱萸属

Cornus bretschneideri

Sand Dogwood | shālái

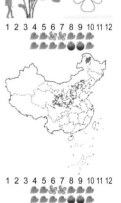

灌木或小乔木；叶对生②，椭圆状卵形或长圆形②，上面绿色②，下面灰白色，侧脉5~6(或7)对②；伞房状聚伞花序顶生①；花白色①，花瓣4枚(①右上)，雄蕊4枚，伸出花外①，花药淡黄白色①；核果成熟后蓝黑色②至黑色，近球形②。

生于杂木林内、灌丛中。

相似种：红椋子【*Cornus hemsleyi*，山茱萸科山茱萸属】灌木或小乔木；叶对生，卵状椭圆形③，上面深绿色③，下面灰绿色，侧脉6~7对；伞房状聚伞花序顶生③；花白色③；花瓣4枚③；雄蕊4枚(③右上)，与花瓣互生③，伸出花外③，花药浅蓝色至灰白色③；核果近球形④，成熟后黑色④。生于山谷森林中。

沙梾叶下面灰白色，花药淡黄白色；红椋子叶下面灰绿色，花药浅蓝色至灰白色。

互叶醉鱼草 泽当醉鱼草 马钱科 醉鱼草属

Buddleja alternifolia

Fountain Butterfly Bush | hùyèzuì yúcǎo

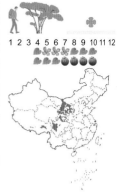

灌木；枝开散，细弱，多呈弧状弯垂①；叶互生①⑤，披针形⑤，长4~8厘米，全缘⑤，上面暗绿色⑤，下面密被灰白色茸毛⑤；花序为簇生状的圆锥花序②③，花序较短③，密集③，长1~4.5厘米，球形至矩圆形，常生于二年生的枝条上；花芳香；花4数②③④，花萼具4棱，密被灰白色茸毛；花冠紫蓝色②③④，外面被星状毛，后变无毛或近无毛；雄蕊4枚，无花丝，着生于花冠筒中部；子房无毛；蒴果矩圆形，光滑；种子多数，有短翅。

生于干旱山地灌丛。

互叶醉鱼草叶互生，披针形，全缘，簇生状圆锥花序，花4数，花紫蓝色，蒴果。

东陵绣球 东陵八仙花 虎耳草科 绣球属

Hydrangea bretschneideri

Shaggy Hydrangea | dōnglíngxiùqiú

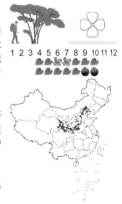

灌木，高1~3米，有时高达5米；树皮较薄，常呈薄片状剥落；叶对生④，薄纸质或纸质，卵形至长卵形①，先端渐尖，中脉在下面凸起，侧脉7~8对，下面稍凸起；伞房状聚伞花序②，顶端截平或微拱；不育花萼片4枚②③，白色②③，有时变为浅紫色④，广椭圆形②③④，近等大，钝头，全缘；孕性花萼筒杯状，萼齿三角形；花瓣5枚，白色②③，卵状披针形或长圆形；雄蕊10枚，不等长，短的约等于花瓣，花药近圆形；花柱3枚，柱头近头状；蒴果卵球形，顶端突出部分圆锥形；种子淡褐色，狭椭圆形或长圆形。

生于山谷溪边、林中。

东陵绣球叶对生，卵形至长卵形，花白色，具大型不孕花，不育花萼片4枚，孕性花花瓣5枚。

山梅花 白毛山梅花 虎耳草科 山梅花属

Philadelphus incanus

Mock-orange | shānméihuā

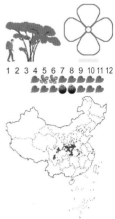

灌木，高1.5~3.5米；叶卵形或阔卵形①，花枝上叶较小，卵形、椭圆形至卵状披针形③，边缘具疏锯齿，上面被刚毛，下面密被白色长粗毛，叶脉离基出3~5条；总状花序有花5~7(或11)朵②③，下部的分枝有时具叶；花序轴长疏被长柔毛或无毛；花萼外面被紧贴糙伏毛；萼筒钟形，裂片4枚(②右上)，卵形(②右上)，先端骤渐尖；花冠盘状，花瓣4枚②，白色①②③，卵形或近圆形②，基部急收狭；雄蕊30~35枚；花盘无毛；花柱长约5毫米，无毛，近先端稍分裂，柱头棒形，较花药小；蒴果倒卵形。

生于林缘灌丛。

山梅花叶对生，卵形或阔卵形，总状花序，花萼4枚，花瓣4枚，白色，花柱近先端稍分裂，蒴果。

冰川茶藨子　虎耳草科 茶藨子属

Ribes glaciale

Nepal Currant │ bīngchuānchábiāozǐ

落叶灌木；小枝无刺①；叶长卵圆形，掌状
3~5裂①②，基部圆形或近截形①②；花单性，雌
雄异株，组成总状花序①；雄花序长2~5厘米，
具花10~30朵①；雌花序短，长1~3厘米，具花
4~10朵；花萼近辐状，褐红色①；花瓣近扇形或
楔状匙形，短于萼片；浆果近球形②，红色②。

生于山坡、山谷丛林、灌丛。

**相似种：天山茶藨子【*Ribes meyeri*，虎耳草
科 茶藨子属】**小枝无刺③④；叶掌状5裂，稀3浅
裂④，边缘具粗锯齿④；花两性，长3~5厘米，下
垂③，具花7~17朵③，花朵排列紧密；花萼紫红色
③，萼筒钟状短圆筒形；果实圆形④，紫黑色④，
具光泽④。生境同上。

冰川茶藨子花单性，雌雄异株，果实红色；天
山茶藨子花两性，果实紫黑色。

美丽茶藨子　小叶茶藨　虎耳草科 茶藨子属

Ribes pulchellum

Beautiful Gooseberry │ měilìchábiāozǐ

落叶灌木；叶下部的节上常具1对小刺③，
节间无刺或小枝上散生少数细刺；叶宽卵圆形
①③，上面暗绿色②，下面色较浅①③，掌状3
裂①②③，有时5裂，边缘具粗锐或微钝单锯齿
①②③；花单性，雌雄异株，形成总状花序；雄
花序长5~7厘米，具8~20朵疏松排列的花；雌花
序短，长2~3厘米，具8~10余朵密集排列的花；
花萼浅绿黄色至浅红褐色；花瓣很小，鳞片状；雄
蕊长于花瓣，花药白色；花柱先端2裂；果实球形
①②，红色①②，无毛。

生于山坡、山谷丛林、灌丛。

美丽茶藨子叶下部的节上常具1对小刺，花单
性，雌雄异株，果实球形，红色。

木本植物 单叶

长果茶藨子 狭果茶藨 虎耳草科 茶藨子属

Ribes stenocarpum

Maximowicz's Currant | chángguǒchábiāozǐ

灌木；叶下部节上具1～3枚粗壮刺④；叶近圆形或宽卵圆形③，掌状3～5深裂③，边缘具粗钝锯齿③；花两性，2～3朵组成短总状花序或花单生于叶腋①；花萼绿褐色或红褐色①，萼筒钟形；果实长圆形②，浅绿色②。

生于山坡灌丛、林下、林缘。

相似种：长刺茶藨子【*Ribes alpestre*，虎耳草科茶藨子属】叶下部节上着生3枚粗壮刺⑤；叶宽卵圆形⑤，3～5裂⑤，边缘具锯齿⑤；花两性，2～3朵组成短总状花序或花单生于叶腋；果实近球形或椭圆形(⑤左上)，紫红色(⑤左上)，具腺毛(⑤左上)。生境同上。

长果茶藨子果实长圆形，浅绿色；长刺茶藨子果实近球形，紫红色，具腺毛。

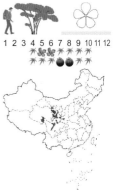

高山绣线菊 蔷薇科 绣线菊属

Spiraea alpina

Alpine Spiraea | gāoshānxiùxiànjú

灌木；叶多数簇生(①右下)，条状披针形①，全缘；伞形总状花序具短总花梗①；花白色①；雄蕊20枚，几与花瓣等长或稍短；蓇葖果。

生于向阳坡地、灌丛。

相似种：蒙古绣线菊【*Spiraea mongolica*，蔷薇科 绣线菊属】叶片矩圆形(②右下)，全缘；伞形总状花序具梗，花白色②；蓇葖果。生于山坡灌丛、山谷多石砾地。

南川绣线菊【*Spiraea rosthornii*，蔷薇科 绣线菊属】叶片卵状矩圆形，边缘具缺刻和重锯齿③；复伞房花序；花白色③；蓇葖果。生于沟边、杂木林内。

高山绣线菊叶全缘，花序总梗很短；蒙古绣线菊叶全缘，花序总梗较长；南川绣线菊叶边缘具缺刻和重锯齿。

38 中国常见植物野外识别手册——祁连山册

窄叶鲜卑花　薔薇科　鲜卑花属

Sibiraea angustata

Narrowleaf Xianbeiflower　｜　zhǎiyèxiānbēihuā

灌木；小枝圆柱形，暗紫色②，微有棱角，幼时微被短柔毛，后脱落，老时光滑无毛，黑紫色；叶互生或丛生②③，叶片窄披针形或倒披针形②③，稀长椭圆形，长2～8厘米，宽1.5～2.5厘米，老时无毛；穗状圆锥花序顶生①，总花梗及花梗密生短柔毛；雌雄异株，花白色①；萼裂片及花瓣各5片；雄花具雄蕊20～25枚，退化雌蕊3～5枚，着生在萼筒边缘；雌花有雌蕊5枚及退化雄蕊；蓇葵果5枚②，具宿存萼片，具柔毛。

生于山坡灌丛中、山谷沙石滩上。

窄叶鲜卑花叶片条状披针形，叶互生或丛生，穗状圆锥花序顶生，雌雄异株，花白色，蓇葵果。

稠李　薔薇科　稠李属

Padus avium

European Bird Cherry　｜　chóulǐ

乔木；小枝有棱，紫褐色，微生短柔毛；叶椭圆形①，边缘有不规则锐锯齿①；总状花序①；花萼筒杯状，花后反折；花瓣白色①，有香味；雄蕊多数；花柱比雄蕊短；核果球形②，黑色。

生于山坡灌丛。

相似种：锐齿臭樱【*Maddenia incisoserrata*，薔薇科 臭樱属】 叶片卵状长圆形或长圆形④，边缘有缺刻状重锯齿④，上面深绿色④，下面淡绿色④，侧脉10～15对④，中脉和侧脉均明显凸起，而带赭黄色；总状花序，花多数密集③；两性花，无花瓣③，雄蕊30～35枚；雌蕊1枚；核果卵球形，紫黑色④。生于山坡、灌丛中或山谷密林下。

稠李叶边缘有锐锯齿，有花瓣；锐齿臭樱边缘有缺刻状重锯齿，无花瓣。

山荆子 蔷薇科 苹果属

Malus baccata

Siberia Crabapple | shān jīng zǐ

乔木；小枝无毛，暗褐色；叶片椭圆形②，边缘有细锯齿②；叶柄长2~5厘米，无毛；伞形花序有花4~6朵，集生于小枝顶端①；萼筒外面无毛，裂片披针形；花瓣5枚①，白色①，倒卵形；雄蕊15~20枚；花柱5或4枚；梨果近球形②，红色②或黄色，萼裂片脱落。

生于山坡杂木林、山谷灌丛。

相似种：花叶海棠【*Malus transitoria*，蔷薇科 苹果属】叶片卵形至广卵形③，边缘有不整齐锯齿，常有3~5不规则深裂③④；花序伞形④；梨果近球形④，萼裂片脱落。生境同上。

山荆子叶不分裂；花叶海棠叶羽状深裂。

杏 蔷薇科 杏属

Armeniaca vulgaris

Apricot | xìng

乔木；叶卵形②，边缘有圆钝锯齿②；花单生①，先于叶开放①；萼裂片5枚，花后反折；花瓣白色①；雄蕊多数①；心皮1枚；核果球形②，黄红色②，常被短柔毛，成熟时不开裂，果肉多汁；种子扁圆形，味苦或甜。

多数为栽培。

相似种：李【*Prunus salicina*，蔷薇科 李属】乔木；叶片长圆倒卵形，边缘有圆钝重锯齿；花白色③；核果卵球形④，光滑无毛，有深沟，浅红色，外有蜡粉；核有皱纹。生于山坡灌丛中、路旁。

杏果实常被短柔毛，花先叶开；李果实光滑无毛，花叶同开，萼片花后不反折。

刺毛樱桃 刺毛山樱花 蔷薇科 樱属

Cerasus setulosa

Bristle Cherry | cìmáoyīngtáo

灌木；叶片卵形①；花序伞形①，花叶同开①；花瓣粉色①；雄蕊30～40枚；核果红色②；核表面略有棱纹。

生于山坡、山谷林中、灌木丛中。

相似种：毛樱桃【*Cerasus tomentosa*，蔷薇科 樱属】花瓣白色③，倒卵形；雄蕊多数，心皮1枚，有毛；核果近球形，深红色④。生境同上。

微毛樱桃【*Cerasus clarofolia*，蔷薇科 樱属】花序伞形；花瓣白色；核果红色⑤，核表面微具棱纹。生境同上。

刺毛樱桃腋芽单生，花粉色；毛樱桃腋芽3个并生，花白色；微毛樱桃腋芽单生，花白色。

水栒子 栒子木 蔷薇科 栒子属

Cotoneaster multiflorus

Water Cotoneaster | shuǐxúnzǐ

落叶灌木；小枝红褐色，无毛；叶片卵形②，全缘，叶下面无毛；聚伞花序；花白色①；梨果近球形，红色②。

生于沟谷山坡杂木林中。

相似种：灰栒子【*Cotoneaster acutifolius*，蔷薇科 栒子属】叶椭圆状卵形③，全缘；聚伞花序，总花梗和花梗有长柔毛；花粉红色③④；梨果椭圆形，黑色。生于山坡。

细枝栒子【*Cotoneaster tenuipes*，蔷薇科 栒子属】叶卵形至矩圆状卵形⑤，全缘，上面无毛或微有柔毛，下面密生白色茸毛；花粉红色；梨果倒卵形，红色⑤。生于山坡、河滩地。

水栒子花白色，叶片下面无毛，果红色；灰栒子花粉红色，果黑色；细枝栒子花粉红色，叶片下面密生白色茸毛，果红色。

甘肃山楂   蔷薇科 山楂属

Crataegus kansuensis

Gansu Hawthorn | gānsùshānzhā

灌木，高2.5~8米；枝刺多，锥形；小枝细，圆柱形，无毛；冬芽近圆形，紫褐色；叶片宽卵形，边缘有尖锐重锯齿和5~7对不规则羽状浅裂片①②；托叶膜质，卵状披针形，边缘有腺齿，早落；伞房花序①，具花8~18朵①；总花梗和花梗均无毛；苞片与小苞片膜质，披针形，早落；萼筒钟状；花瓣近圆形，白色①；雄蕊15~20枚；花柱2~3枚，子房顶端被茸毛，柱头头状；果实近球形②③，成熟后红色③，萼片宿存。

生于杂木林中、山坡阴处、山沟旁。

甘肃山楂枝刺多，伞房花序，花白色，果实近球形，红色。

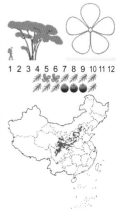

桦叶四蕊槭   四蕊枫 槭树科 槭属

Acer stachyophyllum subsp. *betulifolium*

Birch-leaved Fourstamen Maple | huàyèsìruǐqì

落叶乔木；小枝紫色或紫绿色①；叶卵形①③，边缘有大小不等的锐尖锯齿③；花黄绿色，单性；雌雄异株；总状花序；萼片4枚，花瓣4枚；雄花中有雄蕊4枚；花盘位于雄蕊的内侧，无毛；子房紫色，无毛，花柱无毛，柱头反卷；翅果成熟时黄褐色①②③；果翅长圆形，张开成直角①②③。

生于疏林中。

相似种：茶条槭【*Acer tataricum* subsp. *ginnala*，槭树科 槭属】单叶，长圆状卵形或长圆状椭圆形，边缘具不整齐疏锯齿；伞房花序；花杂性；果翅直立，成锐角④。生境同上。

桦叶四蕊槭总状花序，果翅张开成直角；茶条槭伞房花序，果翅直立成锐角。

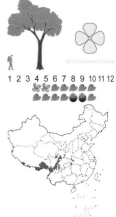

木本植物 单叶

藤山柳　猕猴桃科 藤山柳属
Clematoclethra scandens

Common Vineclethra | téngshānliǔ

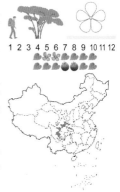

攀缘灌木；老枝黑褐色，无毛，小枝被淡褐色茸毛；单叶互生②，叶纸质，长圆形②，先端渐尖②，基部圆形或近心形①②，边缘有刺毛状细齿②，腹面绿色②，背面淡绿色③；聚伞花序通常具花3朵③，总花梗短于叶柄；苞片2枚，线形；萼片卵圆形，宿存；花两性，花瓣5枚①③，白色①②③，宽卵圆形；雄蕊10枚，花丝短，花药黄色；花柱伸出花冠之外，子房5室，每室有胚珠10枚；果实球形。

生于山地沟谷林缘或灌丛。

藤山柳攀援灌木，单叶互生，叶长圆形，聚伞花序通常具花3朵，花瓣5枚，白色，雄蕊10枚，果实球形。

三春水柏枝　柽柳科 水柏枝属
Myricaria paniculata

Trispring Falsetamarisk | sānchūnshuǐbǎizhī

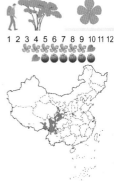

灌木；叶披针形、卵状披针形或长圆形；叶腋常生绿色小枝①②，枝上着生稠密小叶②；一年开两次花，两种花序：春季总状花序侧生于去年生枝上，苞片椭圆形或倒卵形；夏季大型圆锥花序生于当年生枝的顶端①②③，苞片卵状披针形或狭卵形，花瓣淡紫红色①②③；蒴果狭圆锥形。

生于山地河谷河滩，河漫滩及河谷山坡。

相似种：宽苞水柏枝【*Myricaria bracteata*，柽柳科 水柏枝属】叶密生于当年生绿色小枝上④，总状花序顶生于当年生枝条上，密集呈穗状⑤；苞片通常宽卵形或椭圆形⑤；花瓣粉红色⑤；蒴果狭圆锥形。生境同上。

三春水柏枝有两种花序，总状花序和圆锥状花序；宽苞水柏枝总状花序，密集成穗状，顶生于当年生枝上，苞片宽卵形或椭圆形。

头花杜鹃　杜鹃花科　杜鹃花属

Rhododendron capitatum

Capitate Rhododendron ｜ tóuhuādùjuān

常绿灌木①，多分枝；枝条直立，小枝密生鳞片；叶近革质，有芳香，椭圆形③；顶生头状花序有花5～8朵②；花紫蓝色①②；花萼发达，5深裂；花冠狭漏斗状，外面无毛，5裂；雄蕊10枚；子房有鳞片，花柱长等于雄蕊，无毛；蒴果卵形，有鳞片和宿存花萼。

生于高山坡、山地林下、灌丛中。

相似种：烈香杜鹃【*Rhododendron anthopogonoides***，杜鹃花科 杜鹃花属】**叶宽椭圆形④，上面绿色④，下面黄褐色或灰褐色；顶生花序头状④⑤，有花10余朵④⑤；花淡黄绿色④⑤，有烈香；花冠狭筒状④⑤；雄蕊5枚；蒴果。生境同上。

头花杜鹃花紫蓝色，花冠狭漏斗状；烈香杜鹃花淡黄绿色，花冠狭筒状。

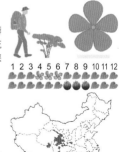

陇蜀杜鹃　青海杜鹃　杜鹃花科　杜鹃花属

Rhododendron przewalskii

Przewalski's Rhododendron ｜ lǒngshǔdùjuān

常绿灌木，高1～3米；叶革质③，叶片卵状椭圆形③，两面均无毛③，常集生于枝端；顶生伞房状伞形花序①，有花10～15朵；花冠钟形，白色至粉红色①，筒部上方具紫红色斑点①；雄蕊10枚；子房圆柱形，无毛；蒴果长圆柱形②，光滑。

生于高山林地。

相似种：黄毛杜鹃【*Rhododendron rufum***，杜鹃花科 杜鹃花属】**叶革质，椭圆形⑤，边缘稍反卷，上面无毛，下面有锈黄松软绵柔毛④；顶生总状伞形花序⑤；花冠漏斗状钟形，白色至淡粉红色⑤，上方具深红色斑点；蒴果。生境同上。

陇蜀杜鹃叶下面无毛；黄毛杜鹃叶下面有锈黄松软绵柔毛。

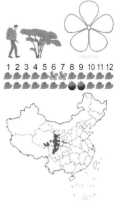

红北极果　天栌　杜鹃花科 北极果属

Arctous ruber

Red Fruit Bearburry　|　hóngběijíguǒ

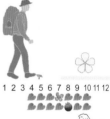

落叶矮小灌木③，茎匍匐于地面，高6～15(或20)厘米；枝暗褐色，茎皮成薄片剥离，具残留的叶柄；叶簇生枝顶②，纸质，倒披针形或倒狭卵形②，边缘具粗钝锯齿，疏被缘毛，表面亮绿色，背面较淡，中脉、侧脉、网脉在表面下凹，在背面明显隆起；叶柄疏被白色长毛；花少数，常1～3朵成总状花序①②③，出自叶丛中；苞片披针形，有微毛；花萼小，5裂，花冠卵状坛形①②③，淡黄绿色①②③，口部5浅裂③；雄蕊10枚，花丝被微毛，花药背面具2个小凸起；子房、花柱无毛②；浆果球形，无毛，有光泽，成熟时鲜红色。

生于高山山坡。

红北极果落叶矮小灌木，花常1～3朵成总状花序，花冠淡黄绿色，卵状坛形，口部5浅裂，浆果球形。

甘肃小檗　小檗科 小檗属

Berberis kansuensis

Gansu Barberry　|　gānsùxiǎobò

落叶灌木；老枝淡褐色，幼枝带红色；茎刺弱，单生或三分叉，与枝同色；叶厚纸质，近圆形或阔椭圆形①②(左)，叶缘具15～30刺齿；总状花序具花10～30朵①；萼片2轮；花黄色①；浆果长圆状倒卵形②(右)，红色②(右)。

生于山坡灌丛中、杂木林中。

相似种：短柄小檗【*Berberis brachypoda*，小檗科 小檗属】叶椭圆形③，厚纸质，叶缘具20～40刺齿③，上面暗绿色，有折皱③；穗状总状花序密生花20～50朵③；萼片3轮，花淡黄色③；浆果长圆形④，鲜红色④。生境同上。

甘肃小檗叶上面无折皱，萼片2轮；短柄小檗叶上面有折皱，萼片3轮。

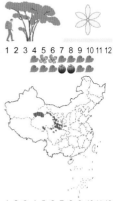

（图标）木本植物 单叶

Field Guide to Wild Plants of China: Qilian Mountain 53

鲜黄小檗　黄花刺　小檗科 小檗属

Berberis diaphana

Reddrop Barberry　│　xiānhuángxiǎobò

　　落叶灌木，高1～3米；茎刺三分叉，粗壮①；叶坚纸质，长圆形①，边缘具2～12刺齿①；花2～5朵簇生①，偶有单生，黄色①；萼片2轮；浆果红色②，卵状长圆形②，先端略斜弯②。

　　生于山坡灌丛、石质山坡、林下。

　　相似种：置疑小檗【*Berberis dubia*，小檗科小檗属】落叶灌木；茎刺单生或三分叉；叶簇生③④，纸质，狭倒卵形③④，叶缘平展，边缘疏具刺状齿或全缘③④；总状花序，具花5～10朵③；花黄色③；萼片2轮；浆果倒卵状椭圆形④，红色④。生境同上。

　　鲜黄小檗花2～5朵簇生，偶有单生，浆果先端略斜弯；置疑小檗总状花序，花5～10朵，浆果先端不弯。

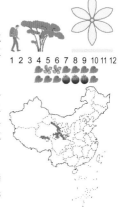

宁夏枸杞　枸杞　茄科 枸杞属

Lycium barbarum

Matrimony Vine　│　níngxiàgǒuqǐ

　　灌木；野生时多开展而略斜升或弓曲，栽培时小枝弓曲而树冠多呈圆形③；有不生叶的短棘刺和生叶、花的长棘刺；叶互生或簇生，披针形或长椭圆状披针形①③，顶端短渐尖或急尖，基部楔形，略带肉质；花在长枝上1～2朵生于叶腋①，在短枝上2～6朵同叶簇生；花萼钟状①，通常2中裂，裂片有小尖头或顶端又2～3齿裂；花冠漏斗状①，紫堇色①②，筒部自下部向上渐扩大，明显长于檐部裂片；雄蕊的花丝基部稍上处及花冠筒内壁生一圈绒茸毛；花柱由于花冠裂片平展而稍伸出花冠①②；浆果红色③，果皮肉质，多汁液，广椭圆状③。

　　生于山坡、荒地、盐碱地、路旁。

　　宁夏枸杞灌木，叶长椭圆状披针形，花冠漏斗状，紫堇色，浆果红色。

唐古特忍冬 陇塞忍冬 忍冬科 忍冬属

Lonicera tangutica

Tangut Honeysuckle | tánggǔtěrěndōng

　　小灌木；叶对生②，椭圆形①②，边常具睫毛（②右下）；总花梗细长下垂①；苞片狭细，有时叶状；花黄白色或略带粉色①，筒状漏斗形至半钟状①，外无毛，里面生柔毛；雄蕊5枚，着生花冠筒中部；花柱伸出花冠之外①；浆果红色②。

　　生于林下灌丛。

　　相似种：刚毛忍冬【*Lonicera hispida*，忍冬科忍冬属】幼枝连同叶柄和总花梗均具刚毛③⑤；叶对生；苞片宽卵形③；花冠白色或淡黄色③，筒状漏斗形③；雄蕊与花冠等长，花柱伸出；浆果红色④，椭圆形④。生于山坡林中、林缘灌丛。

　　唐古特忍冬幼枝无毛，苞片狭细；刚毛忍冬幼枝具刚毛，苞片宽卵形。

红花岩生忍冬 红花忍冬 忍冬科 忍冬属

Lonicera rupicola var. *syringantha*

Rock Honeysuckle | hónghuāyánshēngrěndōng

　　落叶灌木，高达1.5(或2.5)米，在高海拔地区有时仅10～20厘米；叶3～4枚轮生①②，很少对生③；条状披针形、矩圆状披针形至矩圆形①②③，顶端尖或稍具小凸尖；叶下面无毛或疏生短柔毛；花生于幼枝基部叶腋①，芳香；总花梗极短①；苞片叶状，条状披针形至条状倒披针形，长略超出萼齿；花冠淡紫色或紫红色①，筒状钟形，筒长为裂片的1.5～2倍；花药达花冠筒的上部；花柱高达花冠筒之半；浆果红色③，椭圆形③。

　　生于林下灌丛、山坡草地。

　　红花岩生忍冬叶3～4枚轮生，少对生，花冠淡紫色或紫红色，浆果红色。

金花忍冬 黄花忍冬 忍冬科 忍冬属
Lonicera chrysantha

Coralline Honeysuckle | jīnhuārěndōng

落叶灌木；叶纸质，菱状卵形、菱状披针形、倒卵形或卵状披针形①②；总花梗细①②，苞片条形或狭条状披针形，常高出萼筒；相邻两萼筒分离，花冠先白色后变黄色①，花唇形①，唇瓣长2~3倍于筒，筒内有短柔毛；花丝中部以下有密毛；花柱全被短柔毛；果实红色②，圆形②。

生于林下灌丛。

相似种：葱皮忍冬【*Lonicera ferdinandii*，忍冬科 忍冬属】茎皮成条状剥落⑤；叶矩圆状披针形③；花冠白色，后变淡黄色③④，唇形③④，唇瓣比筒稍短或近等长④；浆果红色，卵圆形。生境同上。

金花忍冬茎皮非条状剥落，花唇瓣长2~3倍于筒；葱皮忍冬茎皮条状剥落，花唇瓣比筒稍短或近等长。

1 2 3 4 5 6 7 8 9 10 11 12

1 2 3 4 5 6 7 8 9 10 11 12

蓝果忍冬 忍冬科 忍冬属
Lonicera caerulea

Bluefruit Honeysuckle | lánguǒrěndōng

落叶灌木，高1~3米；老枝和茎干棕红色或黑褐色，树皮条裂；枝节部常有大形盘状的托叶⑤，茎犹如贯穿其中；叶矩圆形、卵状矩圆形或卵状椭圆形①②⑤，全缘，有时有缘毛；苞片条形③，长为萼筒的2~3倍；小苞片合生成坛状壳斗，完全包被相邻两萼筒，果熟时变肉质；花黄白色③，筒状漏斗形③，外面有柔毛③；雄蕊的花丝上部伸出花冠外③；花柱无毛，伸出③；浆果蓝黑色②④，稍被白粉②④，卵状长圆形①②④。

生于林下灌丛。

蓝果忍冬叶对生，花黄白色，筒状漏斗形，浆果卵状长圆形，蓝黑色。

1 2 3 4 5 6 7 8 9 10 11 12

木本植物 单叶

盘叶忍冬 大叶银花 忍冬科 忍冬属

Lonicera tragophylla

China Honeysuckle | pányèrěndōng

落叶藤本①；叶纸质，矩圆形或卵状矩圆形①，顶端钝或稍尖，基部楔形，下面粉绿色；花序下方1～2对叶连合成近圆形②③，盘两端通常钝形或具短尖头③，叶柄很短或不存在；由3朵花组成的聚伞花序密集成头状花序生小枝顶端，共有6～9(或18)朵花①②；花冠唇形，黄色至橙黄色①②，上部外面略带红色，花筒长2～3倍于唇瓣①②，外面无毛，内面疏生柔毛；雄蕊着生于唇瓣基部；花柱伸出；果实成熟时由黄色转红黄色，最后变深红色，近圆形③。

生于林下灌丛。

盘叶忍冬落叶藤本，花序下方1～2对叶连合成近圆形，花冠唇形，橙黄色，果实近圆形。

红脉忍冬 忍冬科 忍冬属

Lonicera nervosa

Redvein Honeysuckle | hóngmàirěndōng

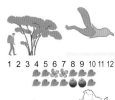

落叶灌木；叶对生①，初发时带红色，椭圆形至卵状矩圆形①②，全缘；苞片钻形；相邻两萼筒分离，萼齿小，三角状钻形；花冠白色，带粉红色或紫红色①，唇形①，外面无毛，内面基部密被短柔毛，筒略短于裂片；雄蕊约与花冠上唇等长；果实黑色②，圆形②。

生于山谷、山坡灌丛、林下。

相似种：华西忍冬【*Lonicera webbiana***，忍冬科 忍冬属】**叶对生③，卵状椭圆形至卵状披针形③④；花冠紫红色或绛红色③，唇形③，花冠筒甚短而基部较细，向上突然扩张而具浅囊；浆果红色④。生于针阔叶混交林、山坡灌丛。

红脉忍冬花冠白色，带粉红色或紫红色，浆果黑色；华西忍冬花冠紫红色或绛红色，浆果红色。

蒙古荚蒾　　忍冬科 荚蒾属

Viburnum mongolicum

Mongol Arrowwood　│　měnggǔjiámí

灌木；叶下面、叶柄和花序均被簇状短毛；叶对生，宽卵形①②，侧脉4～5对①，边有浅锯齿；聚伞花序具少数花①；花冠管状钟形①，淡黄色①，裂片5枚①；雄蕊5枚，约与花冠等长；核果椭圆形，先红后黑②。

生于山坡林下、河滩。

相似种：聚花荚蒾【*Viburnum glomeratum*，忍冬科 荚蒾属】老枝灰黑色；叶对生，卵状椭圆形、卵形或宽卵形③④，侧脉5～11对③④；聚伞花序具多数花③；花冠白色③；雄蕊稍高出花冠裂片③；核果椭圆形，果实红色④，后变黑色④。生境同上。

蒙古荚蒾叶侧脉4～5对，花淡黄色，管状钟形；聚花荚蒾侧脉5～11对，花白色，花冠辐状。

光果莸　　马鞭草科 莸属

Caryopteris tangutica

Tangut Bluebeard　│　guāngguǒyóu

直立灌木；叶片卵状披针形①②，边缘常具深锯齿①②，表面绿色，疏被柔毛，背面密生灰白色茸毛；聚伞花序腋生①和顶生；花冠蓝紫色①②，二唇形，下唇中裂片较大，边缘呈流苏状；雄蕊4枚，与花柱同伸出花冠管外①；子房无毛，柱头2裂；蒴果倒卵圆状球形，无毛，果瓣具宽翅。

生于干燥山坡。

相似种：蒙古莸【*Caryopteris mongholica*，马鞭草科 莸属】叶条形全缘④，两面都有短茸毛；聚伞花序腋生；花冠蓝紫色③⑤，下唇中裂片较大③，边缘流苏状③；雄蕊4枚③，与花柱均伸出花冠管外③；蒴果。生干旱坡地、干旱碱质土壤上。

光果莸叶卵状披针形，边缘常具深锯齿；蒙古莸叶条形全缘，少羽裂。

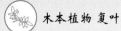
峨眉蔷薇　刺石榴　蔷薇科 蔷薇属

Rosa omeiensis

Emei Rose ｜ éméiqiángwēi

直立灌木；小枝无刺或有扁而基部膨大皮刺，幼嫩时常密被针刺或无针刺；羽状复叶②③，小叶9～13(或17)枚②③，小叶片长圆形或椭圆状长圆形，边缘有锐锯齿②，上面无毛，中脉下陷②，下面无毛或在中脉有疏柔毛，中脉凸起；托叶大部贴生于叶柄，顶端离生部分呈三角状卵形，边缘有齿或全缘；花单生于叶腋，萼片4枚，先端渐尖或长尾尖，外面近无毛，内面有稀疏柔毛；花瓣4枚①，白色①，倒三角状卵形，先端微凹①；果倒卵球形或梨形②③，亮红色③，果成熟时果梗肥大，萼片直立宿存③。

生于山坡灌丛。

峨眉蔷薇羽状复叶，花白色，花瓣4枚，果梨形，亮红色。

黄蔷薇　蔷薇科 蔷薇属

Rosa hugonis

Yellow Rose ｜ huángqiángwēi

灌木①；皮刺扁平④，常混生细密针刺④；羽状复叶①③，小叶5～13枚①，小叶片卵形、椭圆形或倒卵形③，先端圆钝或急尖，边缘有锐锯齿③，两面无毛，上面中脉下陷③，下面中脉凸起；托叶狭长，大部贴生于叶柄，离生部分极短；花单生于叶腋，无苞片；花黄色①②，花瓣5枚①②，先端微凹②；雄蕊多数②，着生在坛状萼筒口的周围；花柱离生②，被白色长柔毛，稍伸出萼筒口外面，比雄蕊短；蔷薇果扁球形③，紫红色③至黑褐色，无毛，有光泽③，萼片反折宿存③。

生于山坡向阳处、林边灌丛。

黄蔷薇羽状复叶，花黄色，花瓣5枚，果扁球形，紫红色。

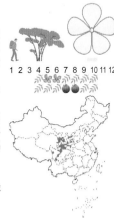

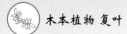

钝叶蔷薇　蔷薇科 蔷薇属

Rosa sertata

Gerland Rose ｜ dùnyèqiángwēi

　　小枝散生直立皮刺或无刺；羽状复叶①，小叶7～11枚，边缘有尖锐单锯齿①；花单生或3～5朵，排成伞房状；花瓣粉红色或玫瑰色①；花柱被柔毛，比雄蕊短；蔷薇果卵形②，深红色②。

　　生于山坡、路旁、疏林、灌丛。

　　相似种：扁刺蔷薇【Rosa sweginzowii*，蔷薇科蔷薇属】小枝有基部膨大而扁平皮刺，有时老枝常混有针刺；羽状复叶，小叶7～11枚，边缘有重锯齿；花单生或2～3朵簇生，粉红色③；果倒卵状长圆形④，紫红色④，外面常有腺毛，萼片直立宿存④。生境同上。

　　钝叶蔷薇果实光滑；扁刺蔷薇果实有腺毛。

华北珍珠梅　吉氏珍珠梅　蔷薇科 珍珠梅属

Sorbaria kirilowii

Giant False Spiraea ｜ huáběizhēnzhūméi

　　灌木；小枝圆柱形，稍有弯曲，光滑无毛，幼时绿色，老时红褐色；冬芽卵形，红褐色；羽状复叶，具有小叶片13～21枚③，光滑无毛；小叶片对生，披针形至长圆披针形，边缘有尖锐重锯齿②③，羽状网脉；顶生大型密集的圆锥花序；花萼筒浅钟状；萼片长圆形，全缘；花瓣5枚①，白色①，倒卵形；雄蕊20枚；心皮5枚，无毛；花柱稍短于雄蕊；花盘圆杯状；蓇葖果②长圆柱形，无毛；果梗直立。

　　生于山坡阳处、杂木林中。

　　华北珍珠梅奇数羽状复叶，大型圆锥花序，花瓣5枚，白色，雄蕊20枚，蓇葖果。

木本植物 复叶

金露梅 金老梅 蔷薇科 委陵菜属

Potentilla fruticosa

Shrubby Cinquefoil | jīnlùméi

灌木，高0.5~2米，多分枝①；羽状复叶①，具小叶5~7枚①；小叶片长圆形、倒卵长圆形或卵状披针形①，全缘①，边缘平坦，两面绿色；托叶薄膜质，宽大；萼片卵圆形，副萼片披针形；单花或数朵生于枝顶①②，花瓣5枚①②，黄色①②，宽倒卵形顶端圆钝，比萼片长；花柱近基生；瘦果近卵形，褐棕色，外被长柔毛。

生于山坡草地、砾石坡、灌丛、林缘。

相似种：银露梅【*Potentilla glabra*，蔷薇科 委陵菜属】羽状复叶③，具小叶5枚，小叶全缘，边缘平坦或微向下反卷，两面绿色；花瓣5枚③④，白色③④；瘦果表面被毛。生境同上。

金露梅花黄色；银露梅花白色。

西北沼委陵菜 蔷薇科 沼委陵菜属

Comarum salesovianum

Shrubby Marsh Cinquefoil | xīběizhǎowěilíngcài

亚灌木①，高30~100厘米；茎直立①，有分枝；奇数羽状复叶④，小叶片7~11枚④，纸质，互生或近对生，越向下越小，小叶边缘有尖锐锯齿④，上面绿色；叶轴带红褐色④，有长柔毛；托叶膜质，大部分与叶柄合生；聚伞花序顶生或腋生①，有数朵疏生花；苞片及小苞片线状披针形；萼片三角卵形③，带红紫色，副萼片线状披针形③，紫色，外被柔毛；花瓣约和萼片等长②，白色或红色②；雄蕊约20枚；花托肥厚，密生长柔毛③；子房有长柔毛；瘦果多数③，有长柔毛③，埋藏在花托长柔毛内，外有宿存副萼片及萼片包裹。

生于山坡、沟谷。

西北沼委陵菜亚灌木，奇数羽状复叶，花瓣5枚，白色或红色，瘦果多数，有长柔毛。

秀丽莓　美丽悬钩子　蔷薇科 悬钩子属

Rubus amabilis

Elegant Raspberry　｜ xiùlìméi

灌木①；枝具稀疏皮刺；羽状复叶②，小叶 7～11枚②，小叶边缘具缺刻状重锯齿①②；花单生于侧生小枝顶端①；花梗疏生细小皮刺④；花萼裂片宽卵形④，绿带红色④，外面密被短柔毛；萼片在结果时均开展；花瓣近圆形，白色①③④；果实长圆形②，红色②，幼时具稀疏短柔毛，老时无毛，可食。

生于林缘、林下。

相似种：菰帽悬钩子【*Rubus pileatus*，蔷薇科悬钩子属】攀援灌木，羽状复叶，小叶5～7枚；伞房花序⑤；花白色（⑤左下）；花萼裂片卵状披针形（⑤左下）；聚合果球形，红色⑤，具宿存花柱，密被灰白色茸毛⑤。生境同上。

秀丽莓花单生于侧生小枝顶端，花萼宽卵形，果实老时无毛；菰帽悬钩子伞房花序，花萼卵状披针形，果实密被灰白色茸毛。

1 2 3 4 5 6 7 8 9 10 11 12

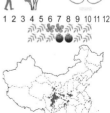

1 2 3 4 5 6 7 8 9 10 11 12

紫色悬钩子　蔷薇科 悬钩子属

Rubus irritans

Purple Raspberry　｜ zǐsèxuángōuzǐ

矮小半灌木或近草本状①②，高约10～60厘米；枝被紫红色针刺、柔毛和腺毛②；小叶3枚①②③，稀5枚，卵形或椭圆形，上面具细柔毛，下面密被灰白色茸毛③，边缘有不规则粗锯齿或重锯齿①③；侧生小叶几无柄①③；花下垂②，常单生或2～3朵生于枝顶②；花梗被针刺、柔毛和腺毛②；花萼带紫红色，外面被紫红色针刺、柔毛和腺毛④；萼筒浅杯状；萼片长卵形或卵状披针形，顶端渐尖至尾尖②④，花后直立；花瓣宽椭圆形或匙形，白色④，具柔毛，短于萼片；雄蕊多数，花丝线形，几与花柱等长或稍长；雌蕊多数；果实近球形⑤，红色⑤。

生于山坡林缘或灌丛。

紫色悬钩子矮小半灌木或近草本状，小叶3枚，下面密被灰白色茸毛，花瓣5枚，白色，果实近球形，红色。

1 2 3 4 5 6 7 8 9 10 11 12

木本植物 复叶

陕甘花楸 蔷薇科 花楸属

Sorbus koehneana

Shangan Mountainash | shǎngānhuāqiū

1 2 3 4 5 6 7 8 9 10 11 12

灌木或小乔木；单数羽状复叶①②，小叶片8~14对①②；复伞房花序多生在侧生短枝上①，具多数花朵，总花梗和花梗疏生柔毛；花白色①；雄蕊20枚；花柱5枚；果实球形②，白色②，先端具宿存闭合萼片②。

生于杂木林内。

相似种：天山花楸【*Sorbus tianschanica***，蔷薇科 花楸属】**单数羽状复叶③④，小叶6~7(或4)对③；复伞房花序③④；总花梗和花梗无毛；花白色；雄蕊15~20枚，通常20枚；花柱3~5枚，通常5枚；果实球形④，成熟后鲜红色，先端具宿存闭合萼片。生于高山溪谷中、云杉林边缘。

陕甘花楸小叶8~14对，果实白色；天山花楸小叶6~7(或4)对，果实鲜红色。

1 2 3 4 5 6 7 8 9 10 11 12

楤木 虎阳刺 五加科 楤木属

Aralia elata

Chinese Angelica Tree | sǒngmù

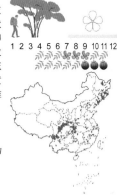

1 2 3 4 5 6 7 8 9 10 11 12

有刺灌木；树皮灰色，疏生粗壮直刺④；小枝被黄棕色茸毛，疏生短刺③；叶为二回或三回羽状复叶①；羽叶有小叶5~11枚①，小叶卵形、宽卵形或长卵形①，边缘有锯齿，上面疏生糙伏毛，故显得粗糙，下面有黄色短柔毛，沿脉更密；伞形花序聚生为顶生大型圆锥花序②，花序轴长，密生黄棕色；花白色，芳香；萼边缘有5齿；花瓣5枚；雄蕊5枚；子房下位，5室；花柱5枚，分离，开展；果球形②，熟时黑色②。

生于森林、灌丛、林缘路边。

楤木为有刺灌木，羽状复叶，伞形花序聚生为顶生大型圆锥花序，花白色，果球形，熟时黑色。

红毛五加 纪氏五加 五加科 五加属

Eleutherococcus giraldii

Girald Acanthopanax | hóngmáowǔjiā

　　落叶灌木；小枝灰棕色，无毛或稍有毛，密生直刺①；掌状复叶①④，小叶5枚①④，倒卵状长椭圆形①④，基部狭楔形，两面均无毛，边缘有不整齐的细重锯齿④；无小叶柄或几无小叶柄④；伞形花序通常单个顶生②③，有花多数②③；总花梗粗短；花白色②；萼边缘近全缘，无毛；花瓣5枚②；雄蕊5枚；子房下位，5室；花柱5枚，基部合生，基部以上分离，开展；果球形③，有棱，成熟时黑色。

　　生于灌木丛林中。

　　红毛五加小枝密生直刺，掌状复叶5小叶，伞形花序通常单个顶生，花白色，果球形，成熟时黑色。

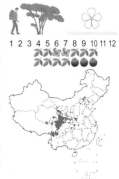

兴安胡枝子 达乌里胡枝子 豆科 胡枝子属

Lespedeza davurica

Dahurian Lespedeza | xīng'ānhúzhīzǐ

　　小灌木；茎单一或数个簇生；羽状复叶具3小叶①；小叶长圆形或狭长圆形，先端有小刺尖；总状花序腋生①；花萼5深裂，萼裂片披针形②，先端长渐尖，成刺芒状②；花冠白色或黄白色①②，旗瓣中央稍带紫色①，龙骨瓣比翼瓣长；荚果先端有刺尖，包于宿存花萼内。

　　生于干山坡、草地、路旁及沙质地上。

　　相似种：多花胡枝子【*Lespedeza floribunda*，豆科 胡枝子属】小灌木；枝有棱③；羽状复叶具3小叶③④；小叶倒卵形，先端具小刺尖③④；总状花序腋生③④；花萼5裂；花冠紫色、紫红色或蓝紫色③④，龙骨瓣长于旗瓣；荚果宽卵形。生于干旱草坡、山坡丛林。

　　兴安胡枝子花冠白色或黄白色；多花胡枝子花冠紫色。

鬼箭锦鸡儿 鬼箭愁 豆科 锦鸡儿属

Caragana jubata

Ghost-arrow Peashrub | guǐjiànjǐnjī'ér

灌木①②，直立或伏地，高0.3~2米，基部多分枝；树皮深褐色、绿灰色或灰褐色；羽状复叶有4~6对小叶①②；托叶先端刚毛状，不硬化成针刺；叶轴宿存②，被疏柔毛；小叶长圆形①②，具刺尖头，绿色，被长柔毛；花梗单生，基部具关节，苞片线形；花萼钟状管形，被长柔毛，萼齿披针形，长为萼筒的1/2；花冠玫瑰色、淡紫色、粉红色或近白色③④，旗瓣宽卵形③④，基部渐狭成长瓣柄，翼瓣近长圆形③④，瓣柄长为瓣片的2/3~3/4，龙骨瓣先端斜截平而稍凹，瓣柄与瓣片近等长；子房被长柔毛；荚果密被丝状长柔毛。

生于山坡、林缘。

鬼箭锦鸡儿灌木，叶轴宿存，花蝶形，玫瑰色至白色，荚果。

柠条锦鸡儿 柠条 豆科 锦鸡儿属

Caragana korshinskii

Korshinsk Peashrub | níngtiáojǐnjī'ér

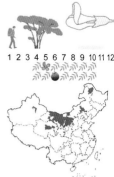

灌木，有时小乔木状，高1~4米；羽状复叶⑤，6~8对小叶⑤；托叶在长枝者硬化成针刺，宿存；叶轴脱落；小叶披针形或狭长圆形⑤，先端锐尖或稍钝，有刺尖⑤，基部宽楔形，灰绿色，两面密被白色伏贴柔毛；花梗被柔毛，关节在中上部；花萼管状钟形①③，密被伏贴短柔毛，萼齿三角形或披针状三角形；花蝶形，黄色①③，旗瓣宽卵形或近圆形，先端截平而稍凹，具短瓣柄，翼瓣瓣柄细窄，稍短于瓣片，龙骨瓣具长瓣柄；子房披针形，无毛；荚果扁②④，披针形，有时被疏柔毛。

生于半固定和固定沙地。

柠条锦鸡儿灌木，托叶在长枝者硬化成针刺，宿存，叶轴脱落，花蝶形，黄色，荚果。

短叶锦鸡儿 猪儿刺 豆科 锦鸡儿属

Caragana brevifolia

Shortleaf Peashrub | duǎnyèjīnjī'ér

灌木，全株无毛；假掌状复叶有4片小叶（②右下）；托叶硬化成针刺，宿存①；小叶披针形或倒卵状披针形①②，先端渐尖，基部楔形；花梗单生于叶腋①；花萼管状钟形，带褐色，花冠黄色①，子房无毛；荚果圆筒状②。

生于河岸、山谷、山坡杂木林间。

相似种：白毛锦鸡儿【*Caragana licentiana*，豆科 锦鸡儿属】嫩枝密被白色柔毛；托叶硬化成针刺③；叶柄硬化成针刺，宿存；假掌状复叶有4片小叶（④左下），倒卵状楔形或倒披针形③④，先端具刺尖，两面密被短柔毛；花冠黄色③，旗瓣中部有橙黄色斑；子房密被白色柔毛；荚果圆筒形④。生于山坡灌丛、草原砾质坡地。

短叶锦鸡儿小叶两面无毛；白毛锦鸡儿小叶两面密被短柔毛。

毛刺锦鸡儿 康青锦鸡儿 豆科 锦鸡儿属

Caragana tibetica

Hairspine Peashrub | máocìjīnjī'ér

矮灌木①，高20～30厘米，常呈垫状①；羽状复叶有3～4对小叶②；托叶卵形或近圆形；叶轴硬化成针刺③，宿存；小叶线形②③，先端尖，花单生，近无梗；花冠黄色①②③；子房密被柔毛；荚果椭圆形，外面密被柔毛。

生于干燥山坡、沙地。

相似种：荒漠锦鸡儿【*Caragana roborovskyi*，豆科 锦鸡儿属】高0.3～1米，直立或外倾④；羽状复叶有3～6对小叶⑤；托叶先端具刺尖；叶轴宿存，全部硬化成针刺④⑤；小叶宽倒卵形或长圆形⑤，先端具刺尖⑤，密被白色丝质柔毛⑤；花冠黄色④，旗瓣有时带紫色④；子房被柔毛；荚果圆筒状⑤，被白色长柔毛⑤。生境同上。

毛刺锦鸡儿高20～30厘米，常呈垫状，小叶线形，荚果椭圆形；荒漠锦鸡儿高0.3～1米，直立或外倾，小叶宽倒卵形或长圆形，荚果圆筒状。

红花岩黄芪

豆科 岩黄芪属

Hedysarum multijugum

Redflower Sweetvetch | hónghuāyánhuángqí

　　半灌木；茎直立，多分枝，具细条纹，密被灰白色短柔毛；羽状复叶①⑤；叶轴被灰白色短柔毛；小叶通常15～29枚⑤，阔卵形，上面无毛，下面被贴伏短柔毛，具约长1毫米的短柄；总状花序腋生①；花9～25朵，疏散排列，果期下垂；苞片钻状，花梗与苞片近等长；萼斜钟状；花冠紫红色①②③，旗瓣倒阔卵形，翼瓣线形，龙骨瓣稍短于旗瓣；子房线形，被短柔毛；荚果通常2～3节④，节荚椭圆形④，被短柔毛，两侧稍凸起。

　　生于干燥山坡、砾石河滩。

　　红花岩黄芪半灌木，羽状复叶，小叶通常15～29枚，总状花序腋生，花冠紫红色，荚果通常2～3节。

1 2 3 4 5 6 7 8 9 10 11 12

紫穗槐

紫槐　豆科 紫穗槐属

Amorpha fruticosa

Desert False Indigo | zǐsuìhuái

　　落叶灌木；小枝灰褐色，被疏毛，后变无毛，嫩枝密被短柔毛；叶互生，奇数羽状复叶④，有小叶11～25枚④；小叶卵形④，上面无毛，下面有白色短柔毛，具黑色腺点；穗状花序常1至数个顶生①②，密被短柔毛；花萼长2～3毫米，萼齿三角形，较萼筒短；旗瓣心形，紫色①②，无翼瓣和龙骨瓣；雄蕊10枚，下部合生成鞘，上部分裂，包于旗瓣之中，伸出花冠外②；荚果下垂③，微弯曲，棕褐色③，表面有凸起的疣状腺点。

　　栽植于河岸、沙地、山坡。

　　紫穗槐灌木，羽状复叶，穗状花序集生于枝条上部，花冠只有旗瓣，紫色，荚果下垂。

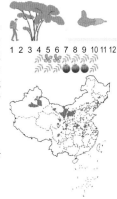

1 2 3 4 5 6 7 8 9 10 11 12

甘青铁线莲　毛茛科 铁线莲属

Clematis tangutica

Tangut Clematis ｜ gānqīngtiěxiànlián

　　藤本①；叶为一回羽状复叶（②右）；小叶轮廓狭卵形，常在下部3浅裂，边缘有锐齿（②右）；聚伞花序具1～3朵花①，具短梗；花萼钟形，黄色①，萼片4枚（①左上），两面疏生短柔毛，边缘有短茸毛；雄蕊多数，花丝拔针状条形，有短柔毛；心皮多数；瘦果倒卵形，有柔毛，羽状花柱长达4厘米（②左）。

　　生于草地、灌丛中。

　　相似种：黄花铁线莲【*Clematis intricata*，毛茛科 铁线莲属】叶为二回羽状复叶④，小叶边缘全缘④；聚伞花序腋生③；萼片4枚，黄色③；瘦果，羽状花柱长达5厘米。生境同上。

　　甘青铁线莲为一回羽状复叶，边缘有锐齿；黄花铁线莲为二回羽状复叶，边缘全缘。

短尾铁线莲　林地铁线莲　毛茛科 铁线莲属

Clematis brevicaudata

Shortplume Clematis ｜ duǎnwěitiěxiànlián

　　藤本；小枝疏生短柔毛或近无毛；一至二回羽状复叶或二回三出复叶③，有5～15枚小叶；小叶边缘疏生粗锯齿，有时3裂②，两面近无毛或疏生短柔毛；圆锥状聚伞花序腋生或顶生①；花萼4枚①，白色③；两面均有短柔毛，内面较疏或近无毛；雄蕊无毛；瘦果②，密生柔毛，花柱宿存③。

　　生于山地灌丛、疏林中。

　　相似种：绣球藤【*Clematis montana*，毛茛科 铁线莲属】藤本；三出复叶④，数叶与花簇生④，或对生；小叶边缘缺刻状锯齿由多而锐至粗而钝④；花1～6朵与叶簇生④；萼片4枚，开展，白色④；外面疏生短柔毛，内面无毛；瘦果无毛。生于山坡、山谷灌丛中、林边。

　　短尾铁线莲一至二回羽状复叶或二回三出复叶，瘦果密生柔毛；绣球藤三出复叶，瘦果无毛。

芹叶铁线莲　　毛茛科 铁线莲属

Clematis aethusifolia

Longplume Clematis ｜ qínyètiěxiànlián

1 2 3 4 5 6 7 8 9 10 11 12

藤本；叶柄和花梗疏生短柔毛，后变无毛；叶对生，二至三回羽状复叶或羽状细裂①②，末回裂片线形；聚伞花序腋生，具1~3朵花①②；苞片状；花萼钟形①②，淡黄色①②，萼片4枚①；无花瓣；雄蕊多数；瘦果倒卵形，宿存羽状花柱。

生于山坡、水沟边。

相似种：西伯利亚铁线莲【Clematis sibirica，**毛茛科 铁线莲属】**藤本；二回三出复叶③，小叶卵状椭圆形或窄卵形③；单花③，无苞片，花钟状下垂③；萼片4枚，淡黄色③；退化雄蕊花瓣状，长为萼片之半；瘦果倒卵形，宿存花柱有黄色柔毛④。

生于路边、云杉林下。

芹叶铁线莲无退化雄蕊，西伯利亚铁线莲退化雄蕊花瓣状。

1 2 3 4 5 6 7 8 9 10 11 12

长瓣铁线莲　　毛茛科 铁线莲属

Clematis macropetala

Bigpetal Clematis ｜ chángbàntiěxiànlián

1 2 3 4 5 6 7 8 9 10 11 12

木质藤本；幼枝微被柔毛，老枝光滑无毛；叶为二回三出复叶③；小叶具柄，纸质，卵状披针形或菱状椭圆形③，两侧的小叶片常偏斜，边缘有整齐的锯齿或分裂，两面近于无毛；花单生于当年生枝顶端①③；花萼钟状①②③，萼片4枚③，蓝色或淡紫色①②③，两面有短柔毛；无花瓣；退化雄蕊花瓣状①②③，与萼片等长或微短；雄蕊多数，边缘生长柔毛；花药黄色；瘦果卵形，被疏柔毛，宿存花柱长4~4.5厘米，向下弯曲，被灰白色长柔毛。

生于山地草坡、林边。

长瓣铁线莲二回三出复叶，萼片4枚，蓝色，退化雄蕊花瓣状，瘦果被毛，花柱宿存。

藤本植物

木藤蓼 蓼科 何首乌属
Fallopia aubertii
Bukhara Fleeceflower | mùténgliǎo

半灌木；茎缠绕，灰褐色，无毛；叶簇生②，叶片长卵形，近革质，两面均无毛；叶柄长1.5~2.5厘米；托叶鞘膜质，褐色，易破裂；花序圆锥状③，花序梗具小凸起；苞片膜质；花被5深裂，白色①③，花被片外面3片较大，背部具翅，果时增大呈倒卵形，基部下延；雄蕊8枚，基部具柔毛；花柱3枚，极短，柱头头状；瘦果卵形，具3棱，黑褐色，密被小颗粒，微有光泽，包于宿存花被内。

生于山坡草地、山谷灌丛。

木藤蓼半灌木，茎缠绕，叶簇生，花序圆锥状，花白色，瘦果卵形，具3棱。

地梢瓜 地梢花 萝藦科 鹅绒藤属
Cynanchum thesioides
Thesium-like Swallow-wort | dìshāoguā

直立半灌木①，有时枝顶蔓生或缠绕；全株有乳汁；茎自基部分枝①；叶对生或近对生③，线形②③，先端具小尖头，基部渐狭，叶背中脉略隆起②，两面均被短毛；聚伞花序腋生①；花梗及花萼外均被毛；花萼裂片三角状披针形；花瓣5枚，绿白色①③，裂片长圆形；副花冠杯状，先端5裂，裂片披针形，渐尖；蓇葖果纺锤形②，先端渐尖，中部膨大②，表面具疣突②；种子扁圆状，种毛白色绢质。

生于山坡、沙丘、田边。

地梢瓜全株有乳汁，叶对生，线形，花瓣5枚，绿白色，副花冠杯状，蓇葖果纺锤形。

鹅绒藤　祖子花　萝藦科　鹅绒藤属

Cynanchum chinense

Chinese Swallow-wort ｜ éróngténg

缠绕草本；全株有乳汁；叶对生①③，薄纸质，宽三角状心形①③，顶端锐尖，基部心形①③，叶面深绿色，叶背苍白色，侧脉约10对；伞形聚伞花序腋生①，二歧，着花约20朵；花冠白色①②，裂片长圆状披针形②；副花冠二形，杯状，上端裂成10个丝状体②，分为两轮，外轮约与花冠裂片等长，内轮略短；蓇葖果双生或仅有1个发育，细圆柱状④；种子长圆形，种毛白色绢质。

生于山坡、路旁、河畔、田边。

鹅绒藤为缠绕草本，全株有乳汁，叶对生，宽三角状心形，花冠白色，副花冠两轮，蓇葖果细圆柱状。

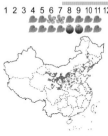

菟丝子　豆寄生　旋花科　菟丝子属

Cuscuta chinensis

Chinese Dodder ｜ tùsīzǐ

一年生寄生草本；茎缠绕①②，黄色①②，纤细无叶；花序侧生，少花或多花簇生成小伞形或小团伞花序②③④；花萼杯状，中部以下连合；花冠白色③；花丝短，与花冠裂片互生；子房近球形④，花柱2枚④；蒴果球形④。

生于田边、荒地、灌丛中。

相似种：金灯藤【*Cuscuta japonica*，旋花科　菟丝子属】一年生寄生草本；茎缠绕⑤，粗壮，黄色，常带紫红色瘤状斑点⑤，无叶；穗状花序⑤；花萼碗状，5裂几达基部；花冠钟状，粉红色或绿白色⑤，顶端5浅裂⑤；雄蕊5枚；花柱细长，合生为1枚，柱头2裂；蒴果卵圆形。生境同上。

菟丝子茎纤细，无斑点，花柱2枚；金灯藤茎粗壮，常带紫红色瘤状斑点，花柱1枚。

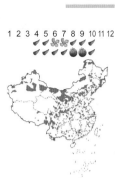

藤本植物

田旋花 箭叶旋花　旋花科 旋花属

Convolvulus arvensis

Field Bindweed ｜ tiánxuánhuā

多年生草本；茎缠绕，有细棱；叶顶端渐尖，基部戟形，全缘①；花单生叶腋①；苞片2枚②，线形②，与花萼远离②；花冠宽漏斗形①②，白色或粉红色①②，或白色具粉红色或红色的瓣中带，冠檐微裂②；蒴果卵形。

生于路旁、农田、林缘。

相似种：打碗花【*Calystegia hederacea***，旋花科打碗花属】**一年生草本；叶互生，基部叶全缘；茎上部叶三角状戟形⑤，通常2裂，中裂片披针形；花单生叶腋；苞片2枚④，卵圆形④，包住花萼④，宿存；花冠漏斗状③④，淡紫色或淡红色③④；冠檐近截形或微裂③；蒴果卵圆形。生境同上。

田旋花苞片线形，与花萼远离；打碗花苞片卵圆形，包住花萼。

茜草 茜草科 茜草属

Rubia cordifolia

Indian Madder ｜ qiàncǎo

攀援藤本；小枝有明显的4棱角②③，棱上有倒生小刺；叶4片轮生②，纸质，卵形至卵状披针形②，长2～9厘米，顶端渐尖，基部圆形至心形，上面粗糙，下面脉上和叶柄常有倒生小刺，基出脉3条②；叶柄长短不齐，长的达10厘米，短的仅1厘米；聚伞花序通常排成大而疏松的圆锥花序状①，腋生和顶生①；花小，黄白色①；花冠辐状，裂片5枚①，卵状披针形；浆果近球状③，有1颗种子。

生于疏林、林缘、灌丛、草地。

茜草攀援藤本，小枝明显4棱，棱上有倒生小刺，叶4片轮生，花黄白色，裂片5枚，浆果近球状。

藤本植物

藤本植物

党参
桔梗科 党参属

Codonopsis pilosula

Pilose Asiabell | dǎngshēn

多年生缠绕草本；根常肥大呈纺锤状或纺锤状圆柱形；茎缠绕，有多数分枝，具叶；叶在主茎及侧枝上的互生③，在小枝上的近于对生，叶片卵形或狭卵形③，先端钝或微尖，基部近于心形③，边缘具波状钝锯齿③，上面绿色，下面灰绿色；花单生于枝端，与叶柄互生或近于对生；花萼贴生至子房中部①，裂片宽披针形或狭矩圆形①，顶端钝或微尖；花冠阔钟状①，黄绿色①②，内面有明显紫斑②，浅裂①②；雄蕊5枚②，花丝基部微扩；柱头有白色刺毛；蒴果下部半球状，上部短圆锥状；种子多数，卵形。

生于山地林边灌丛。

党参多年生缠绕草本，叶片卵形或狭卵形，花冠阔钟状，黄绿色，蒴果。

穿龙薯蓣
穿山龙 薯蓣科 薯蓣属

Dioscorea nipponica

Chuanlong Yam | chuānlóngshǔyù

草质缠绕藤本①；根状茎横生，栓皮显著片状剥离；茎左旋①，近无毛；单叶互生①，掌状心形，边缘具不等大的三角状浅裂、中裂或深裂①②，顶端叶片近于全缘；花雌雄异株；雄花序为腋生的穗状花序①，花序基部常由2～4朵集成小伞状，至花序顶端常为单花；花被碟形，顶端6裂；雄蕊6枚；雌花序穗状，常单生；蒴果成熟后枯黄色，三棱形，顶端凹入，基部近圆形②；种子每室2枚，四周有不等宽的薄膜状翅。

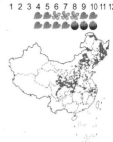

生于林缘、沟边、灌丛。

穿龙薯蓣草质缠绕藤本，茎左旋，单叶互生，掌状心形，雌雄异株，穗状花序，蒴果具翅。

白屈菜　土黄连　罂粟科 白屈菜属

Chelidonium majus

Greater Celandine ｜ báiqūcài

多年生草本；茎多分枝①；基生叶少，早凋落，叶片倒卵状长圆形或宽倒卵形，羽状全裂，全裂片2～4对，倒卵状长圆形，具有不规则的深裂或浅裂，裂片边缘圆齿状；茎生叶同基生叶①，但稍小；伞形花序多花①②；花梗纤细，幼时被长柔毛，后变无毛；苞片小，卵形；萼片卵圆形，舟状，无毛或疏生柔毛(②右下)，早落；花瓣倒卵形①②，黄色①②，花瓣4枚①②；雄蕊多数②，花丝丝状，黄色②；子房线形；花柱柱头2裂；蒴果狭圆柱形。

生于山坡、草地、路旁、石缝。

白屈菜有乳汁，叶为羽状全裂，伞形花序，花黄色，花瓣4枚，蒴果狭圆柱形。

喜山葶苈　石波菜　十字花科 葶苈属

Draba oreades

Mountain-loving Whitlowgrass ｜ xǐshāntínglì

多年生草本；叶丛生成莲座状②，叶片长圆形至倒披针形②，全缘，有时有锯齿；茎高5～8厘米，无叶或偶有1叶；总状花序密集成近于头状①②，结实时疏松，但不伸长；萼片长卵形；花瓣黄色①②；短角果短宽卵形，果瓣不平。

生于高山岩石边。

相似种：毛葶苈【*Draba eriopoda***，十字花科 葶苈属】**二年生草本；茎通常不分枝；基生叶狭倒披针形，全缘；茎生叶渐变小，狭卵形至披针形；总状花序顶生③；花较密集，花瓣黄色③；短角果向上斜展③④，狭卵形或披针形③④。生于高山草坡、灌丛。

喜山葶苈茎无叶，短角果不扁平；毛葶苈茎具叶，短角果向上斜展。

播娘蒿　十字花科 播娘蒿属

Descurainia sophia

Herb Sophia ｜ bōniánghāo

一年生草本；高20~80厘米，茎直立①②，分枝多，常于下部成淡紫色；叶为三回羽状深裂③，末端裂片条形或长圆形③，下部叶具柄，上部叶无柄；总状花序伞房状②，果期伸长，花小而多①②；萼片直立，早落；花瓣4枚，黄色①②；雄蕊6枚；雌蕊圆柱形；长角果长圆筒状①②。

生于山坡、农田。

相似种：小花糖芥【*Erysimum cheiranthoides***，十字花科 糖芥属】**一年生草本；茎直立④；基生叶莲座状，无柄，平铺地面；茎生叶披针形或线形④，边缘具深波状疏齿或近全缘④；总状花序顶生④；花瓣4枚，浅黄色④⑤，长圆形；长角果圆柱形④⑤，稍有棱。生于山坡、路旁。

播娘蒿叶为三回羽状深裂；小花糖芥茎生叶披针形或线形，近全缘。

沼生蔊菜　风花菜　十字花科 蔊菜属

Rorippa palustris

Bog Yellowcress ｜ zhǎoshēnghàncài

一或二年生草本，高20（或10）~50厘米；茎直立，单一成分枝，具棱；基生叶多数，具柄；叶片羽状深裂或大头羽裂④，长圆形至狭长圆形，裂片3~7对④，边缘不规则浅裂或呈深波状④，顶端裂片较大④；茎生叶向上渐小，近无柄，叶片羽状深裂或具齿；总状花序顶生或腋生①②③，果期伸长，花小，多数，黄色成淡黄色①②③，具纤细花梗；萼片长椭圆形；花瓣长倒卵形至楔形，等于或稍短于萼片；雄蕊6枚，近等长，花丝线状；短角果椭圆形或近圆柱形①②③，有时稍弯曲。

生于潮湿环境或近水处、田边、山坡。

沼生蔊菜基生叶片羽状深裂或大头羽裂，总状花序顶生或腋生，花黄色，花瓣4枚，短角果近圆柱形。

芝麻菜 十字花科 芝麻菜属

Eruca vesicaria subsp. *sativa*

Rocketsalad | zhīmàcài

一年生草本，高20～90厘米；茎直立①，上部常分枝，疏生硬长毛或近无毛；基生叶及下部叶大头羽状分裂或不裂③，顶裂片近圆形或短卵形，侧裂片卵形或三角状卵形，全缘；上部叶无柄，具1～3对裂片，顶裂片卵形，侧裂片长圆形；总状花序有多数疏生花①；花梗具长柔毛；萼片带棕紫色②，外面有蛛丝状长柔毛；花瓣黄色①②，后变白色，有紫纹②，短倒卵形，基部有窄线形长爪；雄蕊6枚②，长角果④⑤圆柱形，无毛或反曲的硬毛或粗毛④⑤，喙剑形⑤，扁平，顶端尖。

逸生于荒地或湿地。

芝麻菜基生叶及下部叶大头羽状分裂，总状花序，花黄色，长角果圆柱形。

柔毛金腰 毛金腰 虎耳草科 金腰属

Chrysosplenium pilosum var. *valdepilosum*

Hairy Goldwaist | róumáojīnyāo

多年生草本；不育枝密被褐色柔毛，叶对生，具不明显的5～9枚波状圆齿；花茎疏生褐色柔毛①；茎生叶对生①，具不明显的6枚波状圆齿①；聚伞花序①②；苞片近扇形①②，具3～5枚波状圆齿①②；萼片4枚②；无花瓣；雄蕊8枚；蒴果，2果瓣不等大。

生于林下阴湿处或山谷石隙。

相似种：裸茎金腰【*Chrysosplenium nudicaule***，虎耳草科 金腰属】**茎通常无叶；基生叶具长柄，叶片革质③，肾形③，具7～15枚浅齿③，通常相互叠结③；聚伞花序密集呈半球形③④；苞片革质，具3～9枚浅齿③④；萼片花期直立③；无花瓣；雄蕊8枚④；蒴果④，2果瓣近等大；种子黑褐色④，卵球形④，有光泽④。生于石隙。

柔毛金腰具茎生叶，叶非革质；裸茎金腰茎通常无叶，基生叶革质。

四数獐牙菜　龙胆科 獐牙菜属

Swertia tetraptera

Fourtimes Swertia　| sì shù zhāng yá cài

一年生草本；茎四棱形①；基部分枝较多，铺散或斜升；中上部分枝近等长；基生叶在花期枯萎；茎中上部叶无柄，对生①，卵状披针形①；圆锥状复聚伞花序或聚伞花序多花①；花4数②，大小相差甚远，主茎上部的花比主茎基部和基部分枝上的花大2～3倍，呈明显的大小两种类型；大花花萼裂片卵状披针形或披针形，花冠黄绿色，有时带蓝紫色①②，基部具2个长圆形、边缘具短裂片状流苏的腺窝②；小花花萼裂片宽卵形，花冠腺窝不明显；花药黄色②；蒴果卵状矩圆形。

生于潮湿山坡、河滩、灌丛中、疏林。

四数獐牙菜茎四棱形，茎中上部叶无柄，对生，卵状披针形，花4数，花冠黄绿色，有时带蓝紫色，蒴果。

1 2 3 4 5 6 7 8 9 10 11 12

蓬子菜　铁尺草　茜草科 拉拉藤属

Galium verum

Yellow Spring Bedstraw　| péng zi cài

多年生近直立草本；叶纸质，6～10片轮生①②，线形①②，聚伞花序顶生和腋生①，多花①，在枝顶结成带叶的长可达15厘米、宽可达12厘米的圆锥花序状①；花小，黄色②，花冠辐状①，裂片4枚（①右上）；果片双生，近球状③，无毛。

生于沟边、草地、灌丛、林下。

相似种：猪殃殃【*Galium spurium*，茜草科 拉拉藤属】茎有4棱角④，棱上、叶缘及叶下面中脉上均有倒生小刺毛；叶4～8片轮生④，近无柄；叶片纸质或近膜质，条状倒披针形④；聚伞花序腋生或顶生④⑤；花冠裂片4枚⑤，黄白色⑤，果有1或2个近球状的果片④，密被钩毛（④左上）。生于山坡、林缘、草地。

蓬子菜植物体无刺毛，叶线形，果无毛；猪殃殃植物体被刺毛，叶条状倒披针形，果密被钩毛。

1 2 3 4 5 6 7 8 9 10 11 12

1 2 3 4 5 6 7 8 9 10 11 12

矮金莲花　五金草　毛茛科 金莲花属

Trollius farreri

Dwarf Globeflower ｜ ǎijīnliánhuā

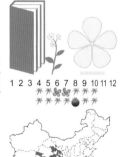

多年生草本；茎高5～17厘米，不分枝①②；叶3～4片，全部基生或近基生①②；叶片轮廓五角形，3全裂②（②左）；花单生茎端①②；萼片5枚，黄色①（②左），有时为暗紫色（②右），宿存；花瓣比雄蕊短，匙状条形，近基部处有蜜槽；雄蕊多数；心皮6～25枚②。

生于山地草坡。

相似种：毛茛状金莲花【*Trollius ranunculoides*，毛茛科 金莲花属】茎不分枝或自基部以上生1～2条长枝③；基生叶3～10片，茎生叶1～3片；叶片圆五角形，3全裂，侧裂片不等2深裂至基部（④左下）；花单生茎端或枝端④；萼片5～8枚，黄色③④；花瓣比雄蕊稍短，黄色④；雄蕊多数④；心皮7～9枚。生境同上。

矮金莲花植株17厘米以下，无茎生叶，萼片宿存；毛茛状金莲花高可超过18厘米，有茎生叶，萼片果时脱落。

驴蹄草　马蹄草　毛茛科 驴蹄草属

Caltha palustris

Common Marshmarigold ｜ lǘtícǎo

多年生草本；有多数肉质须根；茎高20（或10）～48厘米，在中部或中部以上分枝①，稀不分枝；基生叶3～7片，有长柄；叶片圆形、圆肾形或心形③，基部深心形或基部2裂片互相覆压③，边缘全部密生正三角形小齿③；茎生叶通常向上逐渐变小，稀与基生叶近等大，圆肾形或三角状心形，具较短的叶柄或最上部叶完全不具柄；茎或分枝顶部有由2朵组成的简单的单歧聚伞花序①；苞片三角状心形，边缘生齿；萼片5枚①②，黄色①②；心皮（5～）7～12枚；蓇葖果。

生于山谷溪边或草甸。

驴蹄草叶圆形、圆肾形或心形，边缘全部密生正三角形小齿，萼片5枚，花冠状，黄色，蓇葖果。

高原毛茛　毛茛科 毛茛属

Ranunculus tanguticus

Plateau Buttercup | gāoyuánmáogèn

　　多年生草本；茎直立或斜升，多分枝①；基生叶多数，三出复叶①，基生叶和茎下部叶具长柄，小叶片二至三回3全裂或深、中裂，末回裂片披针形至线形①；茎生叶小，具短柄或无柄；花序具较多花，单生于茎顶和分枝顶端①；花瓣5片②③，黄色①②③；心皮多数②；聚合果长圆形。

　　生于山坡、沼泽。

　　相似种：云生毛茛【*Ranunculus nephelogenes***，毛茛科 毛茛属】**基生叶多数⑤，叶片呈披针形至线形④⑤，全缘④⑤；茎生叶1～3片，无柄，叶片线形⑤，全缘，有时3深裂；花单生茎顶或短分支顶端④⑤；花瓣5枚④⑤，黄色④⑤；聚合果长圆形。生于高山草甸、沼泽草地。

　　高原毛茛基生叶为三出复叶，末回裂片披针形至线形；云生毛茛的基生为单叶，全缘。

水葫芦苗　圆叶碱毛茛　毛茛科 碱毛茛属

Halerpestes cymbalaria

Cymbalaria Soda Buttercup | shuǐhúlúmiáo

　　多年生草本；匍匐茎细长，横走①；叶多数，多近圆形①，边缘有3～7(或11)个圆齿①，有时3～5裂；花莛1～4条，无毛；花瓣5枚(①左上)，黄色(①左上)；聚合果椭圆球形②，瘦果小而极多②，斜倒卵形，无毛，喙极短。

　　生于盐碱性沼泽地。

　　相似种：三裂碱毛茛【*Halerpestes tricuspis***，毛茛科 碱毛茛属】**匍匐茎纤细④，横走；节处生根和簇生数叶，叶均基生，3中裂至3深裂③④，有时侧裂片2～3裂或有齿，中裂片较长；花单生，花瓣5枚，黄色；雄蕊约20枚；聚合果近球形③④，瘦果20多枚③④，喙长约0.5毫米。生于盐碱性湿草地。

　　水葫芦苗叶多近圆形，边缘有3～7(或11)个圆齿，瘦果小而极多；三裂碱毛茛叶3中裂至3深裂，瘦果20多枚。

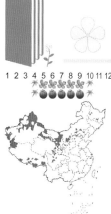

草本植物 花黄色 辐射对称 花瓣五

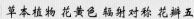

费菜 景天三七 景天科 费菜属

Phedimus aizoon

Orpin Aizoon | fèicài

多年生草本；茎直立，茎高20～50厘米，有1～3条茎，不分枝。叶互生①，坚实，近革质，长披针形至倒披针形①，长5～8厘米，宽1.7～2厘米，先端渐尖，基部楔形，边缘有不整齐的锯齿①，几无柄；聚伞花序多花①②，水平分枝，平展①②；萼片5枚，条形，不等长，顶端钝；花瓣5枚②，黄色①②，椭圆状披针形②，长6～10毫米；雄蕊10枚，较花瓣短②；心皮5枚，卵状长圆形，基部合生，腹面凸出；蓇葖果成星芒状排列③，几至水平排列；种子椭圆形。

生于山坡、高山灌丛、岩石下。

费菜叶互生，聚伞花序有多花，平展，花瓣5枚，黄色，蓇葖果星芒状排列。

高原景天 景天科 景天属

Sedum przewalskii

Plateau Stonecrop | gāoyuánjǐngtiān

一年生草本，无毛；根纤维状；花茎直立，高1～4厘米，常自基部分枝；叶宽披针形至卵形①，有截形距踞，先端钝；花序伞房状①，有3～7朵花，苞片叶形；花瓣5枚①，萼片半长圆形，无距，先端钝；花瓣黄色①，三角状卵形①，略合生，先端钝；雄蕊鳞片狭线形或近线状匙形，先端近钝形；心皮近菱形，离生或合生；种子卵状长圆形，有小乳头状凸起。

生于高山坡干旱地、岩石上。

高原景天植株矮小，常自基部分枝，叶宽披针形至卵形，花序伞房状，花瓣5枚，黄色。

青藏虎耳草
虎耳草科 虎耳草属

Saxifraga przewalskii

Przewalski's Rockfoil | qīngzànghǔ'ěrcǎo

多年生草本；茎具褐色卷曲柔毛；基生叶片卵形，背面和边缘具褐色卷曲柔毛；聚伞花序伞房状①②，具2~6朵花①②；萼片在花期反曲①，边缘具褐色卷曲柔毛①；花瓣腹面淡黄色①②，中下部具红色斑点①②，背面紫红色①，基部具爪，具2痂体②；子房近下位，周围具环状花盘②。

生于高山草地、岩石上。

相似种：唐古特虎耳草【*Saxifraga tangutica*，虎耳草科 虎耳草属】茎被褐色卷曲长柔毛③；多歧聚伞花序8(或2)~24朵花③④；萼片在花期由直立变开展至反曲③④，边缘具褐色卷曲柔毛；花瓣黄色，或腹面黄色而背面紫红色④，具2痂体③④；子房近下位，周围具环状花盘④。生境同上。

青藏虎耳草聚伞花序伞房状，具2~6朵花，萼片花期反曲；唐古特虎耳草多歧聚伞花序8(或2)~24朵花，萼片在花期由直立变开展至反曲。

1 2 3 4 5 6 7 8 9 10 11 12

1 2 3 4 5 6 7 8 9 10 11 12

爪瓣虎耳草
虎耳草科 虎耳草属

Saxifraga unguiculata

Clawy Rockfoil | zhǎobànhǔ'ěrcǎo

多年生草本，丛生①；基生叶匙形至近狭倒卵形；花茎具叶①，边缘和背面常具腺毛；花单生于茎顶①，或聚伞花序具2~8朵花；花梗被腺毛②；萼片起初直立，后变开展至反曲①②，肉质；花瓣黄色①②③，中下部具橙色斑点②③；子房近上位③，阔卵球形。

生于林下、高山草甸、高山碎石隙。

相似种：优越虎耳草【*Saxifraga egregia*，虎耳草科 虎耳草属】基生叶具长柄，叶片心形、心状卵形至狭卵形④，背面和边缘具褐色长柔毛，边缘具卷曲长腺毛；多歧聚伞花序伞房状，具3~9朵花④；萼片在花期反曲；花瓣黄色④，椭圆形至卵形④。生境同上。

爪瓣虎耳草基生叶匙形至近狭倒卵形，花瓣狭卵形，下部具橙色斑点；优越虎耳草基生叶心形，花瓣椭圆形至卵形，无斑点。

1 2 3 4 5 6 7 8 9 10 11 12

1 2 3 4 5 6 7 8 9 10 11 12

龙牙草 瓜香草　薔薇科 龙牙草属

Agrimonia pilosa

Hairy Agrimony　| lóngyácǎo

多年生草本；茎被疏柔毛及短柔毛④，稀下部被稀疏长硬毛；叶为间断奇数羽状复叶④，通常有小叶3～4对，稀2对，叶柄被稀疏柔毛或短柔毛④；小叶片无柄或有短柄，倒卵形、倒卵椭圆形或倒卵披针形，边缘有急尖到圆钝锯齿④；花序穗状总状顶生①②；苞片通常深3裂；萼片5枚，三角卵形；花瓣5枚①②，黄色①②，长圆形；雄蕊8(或5)～15枚②；花柱2枚②；果实倒卵圆锥形③，外面有10条肋，顶端有数层钩刺，幼时直立，成熟时靠合。

生于草地、灌丛、林缘、疏林下。

龙牙草的叶为间断奇数羽状复叶，花序穗状总状顶生，花瓣5枚，黄色，果实倒卵圆锥形，外面顶端有数层钩刺。

路边青 水杨梅　薔薇科 路边青属

Geum aleppicum

Yellow Avens　| lùbiānqīng

多年生草本；基生叶为大头羽状复叶，通常有小叶2～6对，顶生小叶最大，菱状广卵形或宽扁圆形；茎生叶羽状复叶①④，有时重复分裂，顶生小叶披针形或倒卵羽状披针形④，顶端常渐尖或短渐尖④；茎生叶托叶大④，绿色，叶状④，边缘有不规则粗大锯齿④；花序顶生①；萼片卵状三角形，副萼片狭小，披针形；花瓣黄色①②，几圆形，比萼片长；花柱顶生，在上部1/4处扭曲④，成熟后自扭曲处脱落，脱落部分下部被疏柔毛；聚合果倒卵球形③，花柱宿存部分无毛，顶端有小钩；果托被短硬毛③。

生于林缘、疏林下。

路边青基生叶为大头羽状复叶，茎生叶羽状复叶，花瓣黄色，花柱顶端有小钩，聚合果倒卵球形。

蕨麻　鹅绒委陵菜　蔷薇科 委陵菜属

Potentilla anserina

Silverweed Cinquefoil　|　juémá

多年生草本；茎匍匐，在节处生根②；基生叶
为间断羽状复叶，有小叶6～11对①②③；小叶对
生或互生，小叶片边缘有多数尖锐锯齿或呈裂片状
①②③，上面绿色，下面密被紧贴银白色绢毛③；
单花腋生，花瓣黄色③。

生于路边、山坡草地、草甸。

相似种：无尾果【*Coluria longifolia***，蔷薇科 无
尾果属】**基生叶为间断羽状复叶⑤；小叶片9～20
对；茎生叶1～4片，羽裂或3裂；花茎直立⑤；聚伞
花序有2～4朵花，稀具1朵花；花瓣5枚④⑤，黄色
④⑤，先端微凹④；雄蕊40～60枚④，花丝宿存；
瘦果长圆形。生于高山草原。

蕨麻茎匍匐，在节处生根；无尾果茎直立，不
具有匍匐茎。

多茎委陵菜　蔷薇科 委陵菜属

Potentilla multicaulis

Multicaulis Cinquefoil　|　duōjīngwěilíngcài

多年生草本；花茎多而密集丛生①，上升或铺
散；基生叶为羽状复叶③，有小叶4～6对，稀达8
对③，叶柄暗红色③，被白色长柔毛③，小叶片对
生稀互生③，上部小叶远比下部小叶大③，边缘羽
状深裂③，上面绿色，下面被白色茸毛；茎生叶与
基生叶形状相似；聚伞花序多花；花瓣黄色①②。

生于山坡、草地、疏林下。

相似种：西山委陵菜【*Potentilla sischanensis***，
蔷薇科 委陵菜属】**花茎丛生⑤，直立或上升；基生
叶为羽状复叶④，亚革质④，有小叶3～5对④，小
叶边缘羽状深裂几达中脉④，上面绿色，被稀疏长
柔毛④，下面密被白色茸毛；裂片掌状或羽状3～5
羽裂④；聚伞花序疏生⑤；花瓣黄色⑤。生于干旱
山坡、黄土丘陵、草地。

多茎委陵菜基生叶叶柄暗红色，小叶非革质，
上面无毛；西山委陵菜基生叶叶柄绿色，小叶亚
革质，上面被稀疏长柔毛。

等齿委陵菜
蔷薇科 委陵菜属

Potentilla simulatrix

Equaltoothed Cinquefoil | děngchǐwěilíngcài

多年生匍匐草本；根匍匐枝纤细，常在节上生根；基生叶为三出掌状复叶①②，边缘有粗圆状齿或缺刻状齿①；单花自叶腋生①；萼片卵状披针形，副萼片长椭圆形；花瓣5枚①，黄色①。

生于林下溪边阴湿处。

相似种：钉柱委陵菜【*Potentilla saundersiana*，蔷薇科 委陵菜属】基生叶通常3～5枚掌状复叶③，小叶下面密被白色茸毛③，小叶边缘有缺刻状锯齿③；花黄色③。生于山坡草地、高山灌丛。

星毛委陵菜【*Potentilla acaulis*，蔷薇科 委陵菜属】基生叶掌状三出复叶④，小叶每边有4～6个圆钝锯齿④，两面灰绿色④；顶生花1～2或2～5朵成聚伞花序，花瓣5枚，黄色（④左上）。生于山坡草地。

等齿委陵菜匍匐草本，掌状三出复叶；钉柱委陵菜3～5枚掌状复叶，小叶下面密被白色茸毛；星毛委陵菜掌状三出复叶。

二裂委陵菜
叉叶委陵菜 蔷薇科 委陵菜属

Potentilla bifurca

Bifurcate Cinquefoil | èrlièwěilíngcài

多年生草本；花茎直立或上升①②，羽状复叶，有小叶5～8对①②，对生稀互生，小叶顶端常2裂（①左下），稀3裂；近伞房状聚伞花序；萼片卵圆形，副萼片椭圆形；花瓣5枚①②，黄色①②；瘦果表面光滑。

生于山坡草地。

相似种：蒺藜【*Tribulus terrestris*，蒺藜科 蒺藜属】茎平卧③；偶数羽状复叶③④，小叶对生，3～8对③④；花腋生，黄色③④，花瓣5枚③④；萼片5枚，宿存；雄蕊10枚；子房5棱，柱头5裂，每室3～4枚胚珠；果有分果瓣5枚，硬，中部边缘有锐刺2枚（④左下），下部常有小锐刺2枚（④左下）。生于沙地、荒地、山坡。

二裂委陵菜小叶顶端常2裂，具有副萼片，瘦果；蒺藜小叶全缘，没有副萼片，果有分果瓣5枚。

多裂骆驼蓬　匐根骆驼蓬　蒺藜科 骆驼蓬属

Peganum multisectum

Multifid Peganum　|　duōlièluòtuopéng

多年生草本；全株具浓烈气味；茎平卧①，长30～80厘米；叶互生，二至三回深裂①②，基部裂片与叶轴近垂直，裂片长6～12毫米；萼片3～5深裂，果期宿存④；花单生，与叶对生，花瓣5枚③，淡黄色③，倒卵状矩圆形，长10～15毫米，宽5～6毫米；雄蕊15枚③，短于花瓣，基部宽展；雌蕊由3～4枚心皮组成，子房3～4室；蒴果近球形④，顶部稍平扁④；种子多数，略成三角形，长2～3毫米，稍弯，黑褐色，表面有小瘤状凸起。

生于黄土山坡、荒地。

多裂骆驼蓬茎平卧，全株具浓烈气味，叶二至三回深裂，花瓣5枚，淡黄色，蒴果近球形。

熏倒牛　臭婆娘　犄牛儿苗科 熏倒牛属

Biebersteinia heterostemon

Biebersteinia　|　xūndǎoniú

一年生草本；具浓烈腥臭味；全株被深褐色腺毛和白色糙毛，根为直根，粗壮，少分枝；茎单一，直立①，上部分枝；叶为三回羽状全裂②，末回裂片长约1厘米，狭条形或齿状②；基生叶和茎下部叶具长柄①；托叶半卵形，长约1厘米，与叶柄合生，先端撕裂；花序为圆锥聚伞花序③，由3朵花构成的多数聚伞花序组成④；苞片披针形；花瓣5枚（④左下），黄色，倒卵形，边缘具波状浅裂；雄蕊10枚，子房由5枚心皮组成，柱头5裂；蒴果肾形，不开裂，无喙。

生于黄土山坡、河滩地、杂草坡地。

熏倒牛具浓烈腥臭味，全株被深褐色腺毛和白色糙毛，叶三回羽状全裂，花瓣5枚，黄色，蒴果。

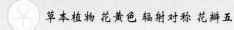

野西瓜苗 灯笼草 锦葵科 木槿属

Hibiscus trionum

Flower-of-an-Hour | yěxīguāmiáo

一年生直立或平卧草本；叶二型，下部的叶圆形，不分裂，上部的叶掌状3～5深裂③，中裂片较长，两侧裂片较短，裂片倒卵形至长圆形，通常羽状全裂③；花单生于叶腋②；小苞片12枚，线形②③，基部合生；花萼钟形②，淡绿色，被粗长硬毛或星状粗长硬毛②，裂片5枚，膜质②，三角形，具纵向紫色条纹②，中部以上合生；花瓣5枚，淡黄色①，内面基部紫色①，外面疏被极细柔毛；花丝纤细，花药黄色①；花柱5裂，无毛；蒴果长圆状球形，被粗硬毛，果爿5片，果皮薄，黑色。

生于平原、山野、丘陵或田埂。

野西瓜苗叶二型，小苞片线形，花萼钟形，膜质，具纵向紫色条纹，花瓣5枚，淡黄色，内面基部紫色。

突脉金丝桃 老君茶 藤黄科 金丝桃属

Hypericum przewalskii

Przewalski's St.John's wort | tūmàijīnsītáo

多年生草本，高30～50厘米，全体无毛；茎多数，圆柱形，具多数叶；叶无柄①，叶片向茎基部者渐变小而靠近，茎最下部者为倒卵形，茎上部者为卵形或卵状椭圆形①；花序顶生①②；花直径约2厘米，开展②；花蕾长卵珠形，先端锐尖；花瓣5枚①②，黄色①②，长圆形，稍弯曲；雄蕊5束，每束有雄蕊约15枚，花药近球形；子房圆锥形，5室，光滑；花柱5枚；蒴果圆锥形③，长约1.8厘米，宽1.2厘米，散布有纵线纹，成熟后先端5裂。

生于山坡、河边灌丛。

突脉金丝桃茎生叶对生，花瓣5枚，黄色，雄蕊5束，每束约15枚，蒴果圆锥形，成熟后先端5裂。

锐齿西风芹　　伞形科 西风芹属

Seseli incisodentatum

Sharptooth Seseli　│　ruìchǐxīfēngqín

1 2 3 4 5 6 7 8 9 10 11 12

　　多年生草本；基生叶有柄③，三回羽状分裂③，第一回羽片4~6对③，第二回羽片3~4对③，末回裂片有1~3枚锐齿或呈羽状分裂③；茎上部叶一回羽状分裂或3裂；复伞形花序多分枝①，无总苞片；伞辐5~7条①，不等长①；小伞形花序有花8~12朵；小总苞片5~7枚，狭线形；花瓣小舌片细长内曲②，黄色①②；双悬果长圆形。

　　生于沙质山坡、土坡。

　　相似种：黑柴胡【*Bupleurum smithii***，伞形科柴胡属】**叶狭长圆形、披针形至线形④，茎生叶下部者具柄，以上渐无柄，抱茎④；复伞形花序⑤；无总苞片或1~2枚；伞辐4~9条⑤，不等长⑤；小总苞片6~9枚⑤，卵形至宽卵形⑤，黄绿色⑤；花黄色⑤；双悬果卵形。生于山坡。

　　锐齿西风芹基生叶三回羽状分裂，小总苞片狭线形；黑柴胡基生叶单叶全缘，小总苞片卵形至宽卵形。

1 2 3 4 5 6 7 8 9 10 11 12

宽叶羌活　　伞形科 羌活属

Notopterygium franchetii

Forbes Notopterygium　│　kuānyèqiānghuó

1 2 3 4 5 6 7 8 9 10 11 12

　　多年生草本；有发达的根茎，基部多残留叶鞘；茎直立，少分枝，圆柱形；基生叶及茎下部叶有柄，下部有抱茎的叶鞘；叶大，三出式二至三回羽状复叶①，长圆状卵形至卵状披针形，边缘有粗锯齿①；茎上部叶少数，叶鞘发达，膜质；复伞形花序顶生和腋生；伞辐10~17(或23)条③；小伞形花序有多数花②；小总苞片4~5枚，线形；花瓣淡黄色②，倒卵形，顶端渐尖或钝；分生果近圆形，背腹稍压扁，背棱、中棱及侧棱均扩展成翅③。

　　生于林缘、灌丛中。

　　宽叶羌活叶三出式二至三回羽状复叶，复伞形花序顶生和腋生，花黄色。

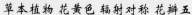

黄甘青报春　报春花科 报春花属

Primula tangutica var. *flavescens*

Yellow Tangut Primrose　|　huánggānqīngbàochūn

多年生草本；叶基生①，椭圆形、椭圆状倒披针形至倒披针形①，两面均有褐色小腺点；花葶稍粗壮①；伞形花序1~3轮①，每轮5~9朵花；苞片线状披针形；花梗被微柔毛，开花时稍下弯①；花萼筒状，分裂达全长的1/3或1/2，裂片三角形或披针形，边缘具小缘毛；花冠黄绿色①，裂片线形①；长花柱花：冠筒与花萼近等长，雄蕊着生处距冠筒基部约2.5毫米；短花柱花：冠筒长于花萼约0.5倍，雄蕊着生约与花萼等高；蒴果筒状。

生于山坡草地。

黄甘青报春花葶稍粗壮，伞形花序，花冠黄绿色，裂片线形，蒴果。

黄花补血草　白花丹科 补血草属

Limonium aureum

Golden Sealavender　|　huánghuābǔxuècǎo

多年生草本；叶基生，通常长圆状匙形至倒披针形；花序圆锥状，花序轴2条至多数，绿色，密被疣状凸起，由下部作数回叉状分枝；穗状花序位于上部分枝顶端②，由3~5(或7)个小穗组成②，小穗含2~3朵花②；外苞宽卵形；花萼黄色②，花冠黄色①②。

生于砾石滩、黄土坡、沙土地。

相似种：二色补血草【*Limonium bicolor*，白花丹科 补血草属】叶基生；花序圆锥状；穗状花序有柄至无柄，排列在花序分枝的上部至顶端④，由3~5(或9)个小穗组成④；萼檐初时淡紫红色或粉红色，后来变白色③④；花冠黄色④。生于山坡、丘陵。

黄花补血草花萼及花冠黄色；二色补血草萼檐后变白色，花冠黄色。

祁连獐牙菜　龙胆科 獐牙菜属

Swertia przewalskii

Qilianshan Swertia ｜ qí lián zhāng yá cài

多年生草本：茎直立①，黄绿色，具细条棱，不分枝；基生叶1～2对，具长柄，叶片椭圆形、卵状椭圆形至匙形①；茎中部裸露无叶，上部有1～2对极小的呈苞叶状的叶，卵状矩圆形；聚伞花序狭窄①，长3～8厘米，具3～9朵花，幼时密集，后疏离；花梗黄绿色，常带紫色，直立或斜伸；花5数①②④，直径1～2厘米；花冠黄绿色①②③④，后期变白色，背面中央蓝色③；花瓣裂片基部具2个腺窝，边缘具柔毛状流苏④；花药蓝色②；子房无柄，宽披针形；蒴果无柄，卵状椭圆形。

生于灌丛、高山草甸、沼泽草甸。

祁连獐牙菜花序具3～9朵花，花5数，花冠黄绿色，后变白色，背面中央蓝色，蒴果。

岷县龙胆　龙胆科 龙胆属

Gentiana purdomii

Purdom Gentian ｜ mín xiàn lóng dǎn

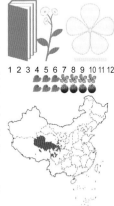

多年生草本①②③；基部被黑褐色枯老膜质叶柄包围；枝2～4个丛生，其中只有1～3个营养枝及1个花枝；叶大部分基生①，常对折，线状椭圆形①；茎生叶1～2对③，狭矩圆形；花1～8朵①②③，顶生和腋生；花萼倒锥形，萼筒膜质，不开裂；花冠淡黄色①②③，具蓝灰色宽条纹和细短条纹，筒状钟形或漏斗形，裂片宽卵形，边缘有不整齐细齿，褶偏斜，截形，边缘有不明显波状齿；雄蕊着生于冠筒中部；子房线状披针形，柱头2裂；蒴果。

生于高山草甸、山顶流石滩。

岷县龙胆花1～8朵，顶生和腋生，花冠淡黄色，具蓝灰色宽条纹和细短条纹，蒴果。

麻花艽　蓟芥　龙胆科 龙胆属

Gentiana straminea

Straw-yellow Gentian　| máhuājiāo

多年生草本；全株光滑无毛，基部被枯存的纤维状叶鞘包裹；枝多数丛生，斜升①；莲座丛叶宽披针形或卵状椭圆形①，叶脉3～5条①，在两面均明显，并在下面凸起；茎生叶小，线状披针形至线形①；聚伞花序顶生及腋生①；花冠黄绿色①②，喉部具多数绿色斑点②；雄蕊着生于冠筒中下部②，整齐；蒴果。

生于高山草甸、灌丛、林下。

相似种：黄管秦艽【*Gentiana officinalis*，龙胆科 龙胆属】莲座丛叶披针形或椭圆状披针形④；花多簇生枝顶呈头状或腋生作轮状③；花黄绿色③，具蓝色细条纹或斑点③；蒴果。生于高山草甸、灌丛。

麻花艽花聚伞花序顶生及腋生；黄管秦艽花冠花簇生枝顶呈头状或腋生作轮状。

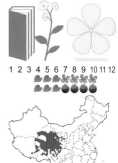

1 2 3 4 5 6 7 8 9 10 11 12

条纹龙胆　龙胆科 龙胆属

Gentiana striata

Striated Gentian　| tiáowénlóngdǎn

一年生草本，高10～30厘米；茎淡紫色，直立或斜升，从基部分枝；茎生叶无柄，长三角状披针形或卵状披针形①，抱茎呈短鞘；花单生茎顶①；花萼钟形①，具狭翅；花冠淡黄色①②③④，有黑色纵条纹①④，长4～6厘米，裂片卵形，先端具1～2毫米长的尾尖②③④，褶偏斜，截形，边缘具不整齐齿裂①；雄蕊着生于冠筒中部③，有长短二型，在长雄蕊花中，花丝线形，长8～15毫米，在短雄蕊花中，花丝钻形，长2～5毫米；子房矩圆形，花柱线形，柱头2裂，反卷③；蒴果内藏或先端外露，矩圆形。

生于山坡草地、灌丛中。

条纹龙胆为一年生草本，花冠淡黄色，有黑色纵条纹，雄蕊有长短二型，蒴果。

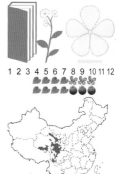

1 2 3 4 5 6 7 8 9 10 11 12

天仙子　米罐子　茄科　天仙子属

Hyoscyamus niger

Black Henbane ｜ tiānxiānzǐ

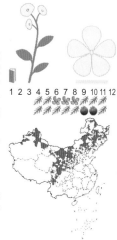

二年生草本，全体被黏性腺毛；莲座状叶卵状披针形或长矩圆形，顶端锐尖，边缘有粗齿或羽状浅裂①；茎生叶卵形或三角状卵形①③；花在茎中部以下单生于叶腋，在茎上端则单生于苞状叶腋内而聚集成蝎尾式总状花序③；花萼筒状钟形，生细腺毛和长柔毛，花后增大成坛状③④，基部圆形；花冠钟状，黄色而脉纹紫堇色①②③；雄蕊稍伸出花冠；蒴果包藏于宿存萼内③④，长卵圆状③④；种子近圆盘形，淡黄棕色。

生于山坡、路旁、河岸沙地。

天仙子全体被黏性腺毛，花冠钟状，黄色而脉纹紫堇色，花萼在花后增大成坛状，蒴果包藏于宿存萼内。

山莨菪　茄科　山莨菪属

Anisodus tanguticus

Common Anisodus ｜ shānlàngdàng

多年生直立粗壮草本①；叶革质，卵形或长椭圆形至椭圆状披针形①③，边缘有时具少数不规则的三角形齿；花常单生于枝腋（②右），长3～4厘米；花萼宽钟状（②右），不等5浅裂，果时增大成杯状③，厚革质，有10条显著粗壮的纵肋③；花冠紫色（另见266页），有时黄绿色②，宽钟状，比花萼长不到1倍（②右）；雄蕊5枚，花盘环状，边缘有5个波状浅裂③；蒴果近球状，内藏于宿萼内③，宿存萼较果实长2倍。

生于山坡。

山莨菪单叶互生，花常单生于枝腋，花萼钟形，花冠浅黄绿色，钟形，蒴果近球形。

墓头回 异叶败酱 败酱科 败酱属
Patrinia heterophylla

Heterophyllous Patrinia | mùtóuhuí

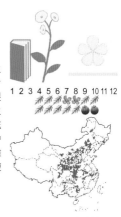

多年生草本，高30～60厘米；基生叶有长柄，不分裂或羽状分裂至全裂，顶生裂片常较大；茎生叶对生①，茎基部叶常2～3对羽状深裂，中央裂片较两侧裂片稍大或近等大；中部叶1～2对羽状深裂①，中央裂片最大①；上部叶较窄，近无柄；顶生及腋生聚伞花序①，总花梗下苞片条状3裂，与花序等长或稍长；萼齿5枚，明显或不明显；花冠钟状，黄色①②③，筒内有白毛，裂片5枚②③；雄蕊4枚，稍伸出②，花丝2长2短；花柱顶端弯；瘦果长方形或倒卵形，果有增大的翅状苞片③。

生于山地岩缝、草丛中。

墓头回茎生叶对生，常羽状分裂，花冠黄色，花瓣5片，雄蕊4枚，果有增大的翅状苞片。

甘肃贝母 西北贝母 百合科 贝母属
Fritillaria przewalskii

Gansu Fritillary | gānsùbèimǔ

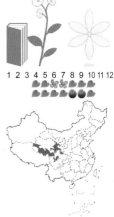

草本；茎中部以上具叶①③；叶5～7枚，条形①③，向上部叶渐狭，上部叶的顶端略卷曲；单花顶生①③，稀为2花，俯垂①③；花被片6枚②，矩圆形至倒卵状矩圆形，黄色①②③，散生紫色至黑紫色斑点②，基部上方具卵形蜜腺；蒴果六棱柱形④，具窄翅④。

生于山坡草丛。

相似种：小顶冰花【*Gagea terraccianoana***，百合科 顶冰花属】**基生叶条形，常超过植株，花莛上无叶；花2～5朵，成伞形排列，其下有2枚苞片，一大一小，大者约等长于花序；花被片6枚⑤，黄绿色⑤；雄蕊6枚；蒴果近球形。生于山坡、河岸草地。

甘肃贝母花散生紫色至黑紫色斑点，蒴果六棱柱形；小顶冰花无斑点，蒴果近球形。

扭柄花

百合科 扭柄花属

Streptopus obtusatus

Twistedstalk | niǔbǐnghuā

1 2 3 4 5 6 7 8 9 10 11 12

多年生草本；茎直立，不分枝或中部以上分枝，光滑；叶互生①，5～12枚①，卵状披针形或矩圆状卵形①，先端有短尖，基部心形①，抱茎①；花单生于上部叶腋，花被片6枚②，近离生，矩圆状披针形或披针形②，淡黄色②③④，内面有时带紫色小斑点，下垂③④；花梗长2～2.5厘米，中部以上具有关节，关节处呈膝状弯曲⑤；雄蕊长不及花被片的一半②，花药长箭形，长3～4毫米；花丝粗短，稍扁，呈三角形；花柱长4～5毫米，柱头3裂至中部以下；子房球形；浆果成熟后红色⑥，球形⑤⑥。

生于山坡针叶林下。

扭柄花叶互生，5～12枚，花单生于上部叶腋，花被片6枚，淡黄色，下垂，浆果红色，球形。

全缘叶绿绒蒿 鹿耳菜 罂粟科 绿绒蒿属

Meconopsis integrifolia

Entire Meconopsis | quányuányèlǜrónghāo

1 2 3 4 5 6 7 8 9 10 11 12

一年生至多年生草本，全体被锈色和金黄色平展或反曲的长柔毛；茎不分枝，幼时被毛，老时近无毛，基部盖与宿存的叶基；基生叶莲座状，叶片倒披针形、倒卵形或近匙形①③，两面被毛，边缘全缘且毛较密①③；茎生叶下部者同基生叶，上部者近无柄，比下部叶小，最上部茎生叶常成假轮生状；花通常4～5朵，稀达18朵，生最上部茎生叶腋内，有时也生于下部茎生叶腋内；果时延长；萼片舟状；花瓣6～8枚，黄色①②③；蒴果宽椭圆状长圆形至椭圆形④。

生于草坡、林下。

全缘叶绿绒蒿被金黄色毛，叶边缘全缘且毛较密，花黄色，花瓣6～8枚，蒴果。

披针叶野决明　披针叶黄华　豆科　野决明属

Thermopsis lanceolata

Lanceleaf Wildsenna　│　pī zhēn yè yě jué míng

多年生草本；茎直立①，被黄白色贴伏或伸展柔毛；掌状三出复叶①，具柄；托叶叶状，卵状披针形，先端渐尖，基部楔形；小叶狭长圆形、倒披针形①；总状花序顶生①，具花2~6轮（②左），排列疏松；苞片线状卵形或卵形；萼钟形，密被毛，背部稍呈囊状隆起；花冠黄色①②；荚果条形（②右）。

生于草原沙丘、砾滩。

相似种：高山野决明【*Thermopsis alpina*，豆科野决明属】掌状三出复叶③，小叶线状倒卵形至卵形③；总状花序顶生，2~3朵花轮生④；花冠黄色④；荚果长圆状卵形⑤。生于高山苔原、草原、河滩。

披针叶野决明小叶狭长圆形、倒披针形，荚果条形；高山野决明小叶线状倒卵形至卵形，荚果长圆状卵形。

青海苜蓿　矩镰果苜蓿　豆科　苜蓿属

Medicago archiducis-nicolaii

Qinghai Medic　│　qīng hǎi mù xu

多年生草本；茎平卧或上升①，多分枝；羽状三出复叶①②；小叶阔卵形至圆形①②，边缘具不整齐尖齿，有时甚钝或不明显；花序伞形②，具花4~5朵，疏松；花冠橙黄色，中央带紫红色晕纹（①右上）；荚果长圆状半圆形，先端具短尖喙；有种子5~7粒。

生于高原坡地、谷地和草原上。

相似种：天蓝苜蓿【*Medicago lupulina*，豆科苜蓿属】全株被柔毛或有腺毛；茎平卧或上升③；羽状三出复叶③；小叶倒卵形、阔倒卵形③；花序小头状③④，具花10~20朵④；萼密被毛，萼齿线状披针形；花冠黄色③④；荚果肾形，熟时变黑；有种子1粒。生于路边、田野及林缘。

青海苜蓿花序伞形，花冠中央带紫红色晕纹，果实有种子5~7粒；天蓝苜蓿花序小头状，花冠中央无紫色条纹，果实有种子1粒。

地八角 不丹黄芪 豆科 黄芪属

Astragalus bhotanensis

Bhotan Milkvetch | dì bā jiǎo

多年生草本；茎疏被白色毛或无毛；羽状复叶有19～29片小叶②；叶轴疏被白色毛；托叶卵状披针形，离生，基部与叶柄贴生；小叶对生，倒卵形或倒卵状椭圆形②，先端钝，有小尖头，基部楔形，上面无毛，下面被白色伏贴毛；总状花序头状①；苞片宽披针形，小苞片较苞片短，被白色短柔毛；花萼管状；花冠红紫色、紫色、灰蓝色、白色或淡黄色①，旗瓣倒披针形；荚果圆筒形②③，无毛，背腹两面稍扁③，先端有喙③，成熟时黑色，假2室。

生于山坡、河滩、田边、灌丛。

地八角羽状复叶，小叶对生，总状花序头状，花蝶形，黄色，荚果圆筒形，背腹两面稍扁，先端有喙。

1 2 3 4 5 6 7 8 9 10 11 12

金翼黄芪 豆科 黄芪属

Astragalus chrysopterus

Goldenwing Milkvetch | jīn yì huáng qí

多年生草本；茎细弱，具条棱；羽状复叶有12～19片小叶②，向上逐渐变短；托叶离生，狭披针形；小叶宽卵形或长圆形②，上面无毛，下面粉绿色，疏被白色伏贴柔毛；总状花序腋生①，生3～13朵花①；总花梗通常较叶长①；花萼钟状，被稀疏白色柔毛，萼齿狭披针形，长约为萼筒的一半；花冠黄色①③，旗瓣先端微凹③，基部渐狭成瓣柄，翼瓣与旗瓣近等长，瓣柄较瓣片略短，龙骨瓣明显较旗瓣、翼瓣长③；子房无毛，具长柄；荚果倒卵形，先端有尖喙，果颈远较荚果长。

生于山坡、灌丛、林下。

金翼黄芪羽状复叶，总状花序腋生，花蝶形，黄色，龙骨瓣明显较旗瓣、翼瓣长，荚果倒卵形，果颈远较荚果长。

1 2 3 4 5 6 7 8 9 10 11 12

黄花棘豆　团巴草　豆科 棘豆属

Oxytropis ochrocephala

Yellowflower Crazyweed　|　huánghuā jí dòu

1 2 3 4 5 6 7 8 9 10 11 12

多年生草本；茎粗壮，基部分枝多而开展①；羽状复叶①，小叶两面被白色或淡黄色贴伏的绢状长柔毛，小叶17～29(或31)片①；多花组成密总状花序①②；花萼萼齿线状披针形(②左)；花蝶形，黄色①②，龙骨瓣有小尖喙(②左)；荚果革质，膨胀(②右)。

生于路旁、草甸、林下、灌丛。

相似种：甘肃棘豆【*Oxytropis kansuensis*，豆科棘豆属】茎细弱；羽状复叶③；小叶卵状长圆形、披针形③，小叶两面疏被白色短柔毛或近无毛；多花组成头形总状花序③；花萼密被贴伏黑色间有白色长柔毛③；花蝶形，黄色③，龙骨瓣有小尖喙；荚果纸质，膨胀。生境同上。

黄花棘豆植株粗壮，小叶两面被白色或淡黄色贴伏的绢状长柔毛；甘肃棘豆植株纤细，小叶两面疏被白色短柔毛或近无毛。

1 2 3 4 5 6 7 8 9 10 11 12

草木樨　黄香草木樨　豆科 草木樨属

Melilotus officinalis

Yellow Sweetclover　|　cǎomùxī

二年生草本；茎直立①，粗壮，多分枝；羽状三出复叶②，小叶椭圆形，边缘具锯齿②；花腋生①，排列成总状花序①，花开后渐疏松，花序轴在花期中显著伸展；花萼钟状，萼齿三角形；花蝶形，黄色①；荚果卵圆形③，成熟后棕黑色。

生于山坡、路旁、林缘。

相似种：牧地山黧豆【*Lathyrus pratensis*，豆科山黧豆属】叶具1对小叶(④左下)，叶轴末端具卷须(④左下)，单一或分枝，小叶椭圆形、披针形或线状披针形(④左下)；托叶箭形(④左下)，基部两侧不对称；总状花序腋生，具5～12朵花④；花蝶形，黄色④；荚果线形。生于山坡草地、林下、路旁。

草木樨叶为羽状三出复叶；牧地山黧豆叶具1对小叶，叶轴末端具卷须。

1 2 3 4 5 6 7 8 9 10 11 12

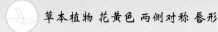

黏毛鼠尾草　　唇形科 鼠尾草属

Salvia roborowskii

Stickyhair Sage ｜ niánmáoshǔwěicǎo

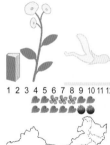

一年生或二年生草本；茎直立，高30～90厘米，多分枝①，钝四棱形，具四槽，密被有黏腺的长硬毛③；叶片戟形或戟状三角形①，先端变锐尖或钝，基部浅心形或截形，边缘具圆齿①；轮伞花序4～6朵花，上部密集下部疏离组成顶生或腋生的总状花序①③；花萼钟形②③；花冠黄色①②③，短小，外被疏柔毛或近无毛②，内面离冠筒基部2～2.5毫米有不完全的疏柔毛毛环，冠筒稍外伸；能育雄蕊2枚，伸至上唇；花柱伸出，先端不相等2浅裂；小坚果倒卵圆形。

生于山坡草地、沟边阴处。

黏毛鼠尾草茎密被有黏腺的长硬毛，叶片戟形或戟状三角形，轮伞花序4～6朵花，花冠黄色。

蒙古芯芭　　玄参科 芯芭属

Cymbaria mongolica

Mongol Cymbaria ｜ měnggǔxīnbā

多年生草本；丛生①；茎数条，大都自根茎顶部发出，基部为鳞片所覆盖；叶无柄，对生，或在茎上部近于互生，被短柔毛；花生于叶腋中①，每茎1～4枚，具长3～10毫米的弯曲或伸直的短梗；小苞片2枚，草质，全缘或有1～2枚小齿；花冠黄色①，外面被短细毛，二唇形，上唇略作盔状，裂片向前而外侧反卷，内面口盖上有长柔毛，下唇3裂，开展，裂片近于相等，倒卵形；雄蕊4枚，二强，花丝着生于管的近基处；蒴果长卵圆形。

生于山坡地带。

蒙古芯芭丛生，叶无柄，对生，花生于叶腋中，花冠二唇形，黄色，雄蕊4枚，蒴果。

中国马先蒿　玄参科 马先蒿属
Pedicularis chinensis
China Woodbetony　｜　zhōngguómǎxiānhāo

一年生草本；叶片披针状矩圆形至条状矩圆形，羽状浅裂至半裂①，有重锯齿；花序总状；花冠黄色①②，喙半环状而指向喉部①②。

生于高山草甸。

相似种：斑唇马先蒿【*Pedicularis longiflora* var. *tubiformis*，玄参科 马先蒿属】花冠黄色③，盔前端变狭细为长喙，转向前上方，近喉处有2个棕红色斑点（③左下）。生境同上。

三斑刺齿马先蒿【*Pedicularis armata* var. *trimaculata*，玄参科 马先蒿属】花冠黄色④，盔前端渐狭为长喙，喙端反指向外上方，下唇喉部具3个棕红色斑点④。生境同上。

中国马先蒿花冠无斑点；斑唇马先蒿花冠下唇近喉处有2个棕红色斑点，三斑刺齿马先蒿下唇喉部有3个棕红色斑点。

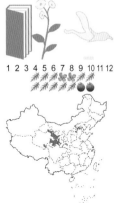

阿拉善马先蒿　玄参科 马先蒿属
Pedicularis alaschanica
Alashan Woodbetony　｜　ālāshànmǎxiānhāo

多年生草本；叶轮生①，羽状全裂①，裂片每边7~9片；花序穗状①②；花冠黄色①②，筒在中上部稍向前膝屈，下唇与盔等长或稍长，盔稍镰状弓曲，额向前下方倾斜，端渐细成稍下弯的短喙②；雄蕊花丝前方1对端有长柔毛；蒴果。

生于河谷向阳山坡。

相似种：毛额马先蒿【*Pedicularis lasiophrys*，玄参科 马先蒿属】茎直立③，不分枝，叶在基部发达，有时成假莲座，中部以上几无叶，叶片长圆状线形至披针状线形，有羽状裂片或深齿；花序多少头状或伸长为短总状③④；花冠淡黄色③④；前额与额均被黄色毛④；雄蕊花丝2对均无毛；蒴果。生于高山草甸。

阿拉善马先蒿叶轮生，花前额和颏无毛，花丝1对有毛；毛额马先蒿叶多基生，花前额与颏均密被黄色毛，花丝2对均无毛。

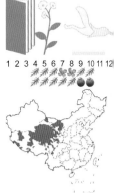

扭旋马先蒿 扭曲马先蒿 玄参科 马先蒿属

Pedicularis torta

Torsional Woodbetony │ niǔxuánmǎxiānhāo

多年生草本，直立；叶互生或假对生②；叶长圆状披针形至线状长圆形，羽状全裂②；总状花序顶生①②；花冠具黄色的花管及下唇①②，紫色的盔①②；下唇大，宽过于长①，3裂，中裂较小；雄蕊着生花管顶部，2对花丝均被毛；柱头伸出于盔外；蒴果卵形。

生于草坡。

相似种：半扭卷马先蒿【*Pedicularis semitorta*，玄参科 马先蒿属】茎叶3～5枚成轮，叶片卵状长圆形至线状长圆形，羽状全裂；花序穗状③；花冠黄色③④，盔至开花后期强烈向右扭折③④，下唇常宽过于长③；雄蕊着生花管中上部，花丝1对中部有长柔毛；花柱在喙端伸出；蒴果尖卵形。生于高山草地。

扭旋马先蒿盔紫色，2对花丝均被毛；半扭卷马先蒿盔黄色，1对花丝有长柔毛。

阴郁马先蒿 玄参科 马先蒿属

Pedicularis tristis

Cloudy Woodbetony │ yīnyùmǎxiānhāo

多年生直立草本；叶互生，线形至线状披针形③；下部较小，中部最大，羽状深裂③；花序总状①；花冠黄色①②，管部几不或仅稍稍超出萼齿，下唇不很开展①②，3裂，中裂较宽，其长稍过于盔①②，端钝而常有喙状小凸尖①；花柱自盔端伸出①②。

生于山地灌丛草原。

相似种：粗野马先蒿【*Pedicularis rudis*，玄参科 马先蒿属】茎生叶发达，叶互生④，叶片为披针状线形⑤，羽状深裂⑤，裂片缘有重锯齿；萼密被白色腺毛，齿5枚；花冠黄色④，管中部多少向前弓曲④，使花前俯④，端稍稍上仰而成一小凸喙④；花丝无毛；蒴果宽卵圆形（④左上）。生于荒草坡或灌丛中。

阴郁马先蒿花长3厘米以上，花管短，不弓曲；粗野马先蒿花长不过3厘米，花管向前弓曲，使花前俯。

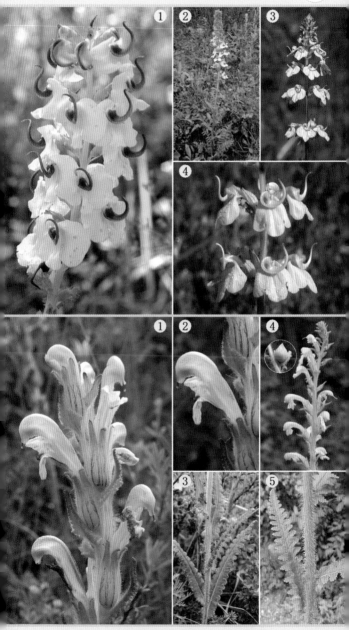

欧氏马先蒿　华马先蒿　玄参科　马先蒿属

Pedicularis oederi

Oeder Woodbetony　｜　ōushìmǎxiānhāo

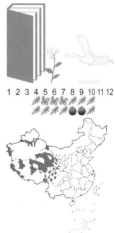

1 2 3 4 5 6 7 8 9 10 11 12

多年生草本，低矮；茎常为花莛状①②，其大部长度均为花序所占①②，多少有绵毛；叶多基生①②，线状披针形至线形①②，羽状全裂；茎叶常极少，仅1～2枚①②，与基叶同而较小；花序顶生①②③；苞片常被绵毛，萼狭而圆筒形，齿5枚；花冠多二色，盔端紫黑色①②③，其余黄白色①②③，有时下唇及盔的下部亦有紫斑，在近端处多少向前膝屈使花前俯；雄蕊花丝前方1对被毛，后方1对光滑；花柱不伸出于盔端；蒴果。

生于高山灌丛草甸、沼泽草甸。

欧氏马先蒿叶多基生，茎生叶仅1～2枚，花序顶生，花冠盔端紫黑色，其余黄白色，前方1对花丝有毛，蒴果。

黄花角蒿　紫葳科　角蒿属

Incarvillea sinensis var. *przewalskii*

Yellowflower Hornsage　｜　huánghuājiǎohāo

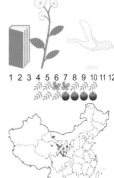

1 2 3 4 5 6 7 8 9 10 11 12

多年生直立草本；被淡灰褐色的微柔毛，根状茎肉质；叶互生，羽状②；侧生小叶一般6～9对，椭圆形；花序顶生，总状①，有6～12朵花，常在花腋部生小花序；花萼钟状，常散生黑斑；花冠淡黄色①，有时在喉部有褐色或深红色斑点和条纹，裂片顶端圆或微凹①，生有短柄腺体；雄蕊4枚；蒴果圆柱形①，顶端渐尖，向前弯曲；种子卵形或圆形，黄褐色，上面常有光泽，下面有淡灰色的微柔毛。

生于山地干燥地。

黄花角蒿叶互生，羽状分裂，花序顶生，花唇形，花冠淡黄色，蒴果。

莛子藨 忍冬科 莛子藨属

Triosteum pinnatifidum

Featherycleft Horsegentian | tíngzǐbiāo

1 2 3 4 5 6 7 8 9 10 11 12

多年生草本；茎高达60厘米，被刺刚毛和腺毛；叶3～4对①，近无柄，轮廓倒卵形至倒卵状椭圆形①②③④，长8～20厘米，羽状分裂①②③④，稀全缘，两面具刺刚毛，但下面较疏；穗状花序顶生①②，具3～4轮，每轮有6朵花，系2对生、无总梗的聚伞花序组成；萼筒有腺毛，萼齿5枚，微小；花冠黄绿色②，外有腺毛，筒基部具囊，裂片二唇形，上4下1，裂片里面带紫斑点；雄蕊5枚，与花柱均稍短于花冠；核果近球形④，有腺毛，白色④，核3颗。

生于林下、灌丛中。

莛子藨叶羽状分裂，穗状花序顶生，花唇形，黄绿色，核果近球形有腺毛，白色。

水金凤 辉菜花 凤仙花科 凤仙花属

Impatiens noli-tangere

Yellow Balsam | shuǐ jīnfèng

1 2 3 4 5 6 7 8 9 10 11 12

一年生草本，高40～100厘米；茎粗壮，直立，分枝；叶互生，卵形或椭圆形②，长5～10厘米，宽2～5厘米，先端钝或短渐尖，下部叶基部楔形，上部叶基部近圆形，近无柄；总花梗腋生①，花2～3朵①，花梗纤细，下垂③，中部有披针形苞片；花大，黄色①③，喉部常有红色斑点；萼片2枚，宽卵形，先端急尖；旗瓣圆形，背面中肋有龙骨突，先端有小喙；翼瓣无柄，2裂，基部裂片矩圆形，上部裂片大，宽斧形，带红色斑点；唇瓣宽漏斗状，基部延长成内弯的长距③；蒴果条状矩圆形。

生于山坡林下、林缘、水沟边。

水金凤叶互生，卵形或椭圆形，花黄色，唇瓣延长成距，蒴果。

条裂黄堇 铜棒锤 罂粟科 紫堇属

Corydalis linarioides

Toadflaxlike Corydalis | tiáolièhuángjǐn

直立草本，高25～50厘米；须根多数成簇；茎2～5条，基生叶少数，二回羽状分裂；茎生叶互生于茎上部，叶片一回奇数羽状全裂③，全裂片3对，线形③；总状花序顶生①②；萼片鳞片状，边缘撕裂状，白色，微透明；花瓣黄色①②；花瓣片舟状卵形，背部鸡冠状凸起②，自花瓣片先端稍后开始，延伸至距②；蒴果长圆形。

生于林下、林缘、灌丛、草坡。

相似种：迭裂黄堇【*Corydalis dasyptera*，罂粟科 紫堇属】 主根粗大；高10～30厘米；茎1至多条；基生叶一回羽状全裂，彼此叠压④；总状花序④；花黄色④；蒴果长圆形。生于高山草地、流石滩、疏林下。

条裂黄堇茎生叶一回羽状全裂；迭裂黄堇基生叶一回羽状全裂，彼此叠压。

灰绿黄堇 旱生紫堇 罂粟科 紫堇属

Corydalis adunca

Greygreen Corydalis | huīlǜhuángjǐn

多年生草本；主根具多头根茎，向上发出多茎；茎生叶与基生叶同形，二回羽状全裂②；总状花序①；花黄色①，外花瓣顶端浅褐色，先近直立，后渐平展①；外花瓣顶端兜状，内花瓣具鸡冠状凸起；蒴果长圆形。

生于干旱山地、河滩地、石缝中。

相似种：蛇果黄堇【*Corydalis ophiocarpa*，罂粟科 紫堇属】 具主根；基生叶片一回至二回羽状全裂；茎生叶与基生叶同形，近一回羽状全裂③；总状花序③；花淡黄色至苍白色③，外花瓣顶端着色较深，内花瓣顶端暗紫红色至暗绿色③，具伸出顶端的鸡冠状凸起；蒴果线形④，蛇形弯曲④。生于沟谷林缘。

灰绿黄堇内花瓣无暗紫红色，蒴果长圆形；蛇果紫堇内花瓣顶端暗紫红色至暗绿色，蒴果线形，蛇形弯曲。

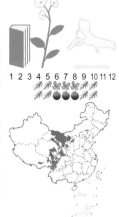

双花堇菜 短距黄堇 堇菜科 堇菜属

Viola biflora

Arctic Yellow Violet | shuānghuā jǐncài

多年生草本；根状茎细或稍粗壮，垂直或斜生，具结节；地上茎较细弱，2或数条簇生，直立或斜升，具3（～5）节，通常无毛或幼茎上被疏柔毛；基生叶2至数枚，叶片肾形、宽卵形或近圆形②③，先端钝圆，基部深心形或心形②③，边缘具钝齿；茎生叶具短柄，叶柄无毛至被短毛；花黄色或淡黄色①②，在开花末期有时变淡白色；花梗细弱，上部有2枚披针形小苞片；花瓣长圆状倒卵形，具紫色脉纹①②；花柱棍棒状，基部微膝曲；蒴果长圆状卵形。

生于高山草甸、灌丛、林缘。

双花堇菜地上茎较细弱，叶片肾形、宽卵形或近圆形，花黄色，具紫色脉纹。

铁棒锤 雪上一支蒿 毛茛科 乌头属

Aconitum pendulum

Pendulous Monkshood | tiěbàngchuí

多年生草本；块根倒圆锥形；茎高26～100厘米，不分枝或分枝①；上部疏生短柔毛；中部以上茎生叶紧密排列①，具短柄；叶片宽卵形，长3～5.5厘米，宽2.5～5.5厘米，3全裂，裂片细裂，小裂片条形，宽1～2.2毫米；总状花序长6～20厘米，密生伸展的黄色短柔毛②；小苞片条形②；萼片5枚，淡黄色①②③，稀紫色，外面生短毛，上萼片船状镰刀形②，自基部至喙长1.6～2厘米；花瓣2枚，无毛，距短；雄蕊多数；心皮5枚；蓇葖果④。

生于山地草坡、林边。

铁棒锤叶掌状深裂达基部，顶生总状花序，萼片5枚，淡黄色，花瓣2枚，蓇葖果。

西伯利亚蓼

蓼科 蓼属

Polygonum sibiricum

Sibiria Knotweed | xībólìyàliǎo

多年生草本，高10~25厘米；根状茎细长；茎外倾或近直立，自基部分枝①，无毛；叶片长椭圆形或披针形①，顶端急尖或钝，基部戟形或楔形，边缘全缘①；托叶鞘筒状，膜质，上部偏斜，开裂，易破裂；花序圆锥状①，顶生，花排列稀疏，通常间断；苞片漏斗状，无毛，通常每1个苞片内具4~6朵花；花梗短，中上部具关节；花被5深裂①，黄绿色①，花被片长圆形；雄蕊7~8枚，稍短于花被，花丝基部较宽；花柱3枚，较短，柱头头状；瘦果卵形，具3棱，黑色。

生于路边、河滩、山谷湿地、沙质盐碱地。

西伯利亚蓼叶片长椭圆形或披针形，托叶鞘筒状，膜质，花被5深裂，黄绿色。

鸡爪大黄

蓼科 大黄属

Rheum tanguticum

Claw Rhubarb | jīzhǎodàhuáng

高大草本①，高1.5~2米；茎粗，中空，具细棱线，光滑无毛或在上部的节处具粗糙短毛；基生叶大型，叶片近圆形或宽卵形，通常掌状5深裂④；茎生叶较小，裂片多更狭窄；托叶鞘大型；大型圆锥花序①②；花小，黄绿色①②，有时紫红色；花被片6片（②右上），近椭圆形，内轮较大（②右上）；雄蕊多为9枚，不外露；花盘薄并与花丝基部连合成极浅盘状；子房宽卵形；花柱较短，平伸，柱头头状；果实矩圆状卵形至矩圆形③，具翅③；种子卵形，黑褐色。

生于高山沟谷。

鸡爪大黄基生叶大型，掌状5深裂，大型圆锥花序，花黄绿色，花被片6片，瘦果具翅。

天山千里光

菊科 千里光属

Senecio thianschanicus

Tianshan Mountian Groundsel | tiānshānqiānlǐguāng

矮小草本；基生叶和下部茎叶在花期存在，叶片倒卵形或匙形；中部茎叶无柄，长圆形或长圆状线形①，顶端钝，边缘具浅齿至羽状浅裂①；头状花序具舌状花，2～10个排列成顶生疏伞房花序②；舌状花黄色①②，管状花黄色①②。

生于草坡、湿处、溪边。

相似种：北千里光【Senecio dubitabilis**，菊科千里光属】**茎自基部或中部分枝③；叶无柄，长圆状披针形（④右下），羽状短细裂至具疏齿或全缘（④右下）；头状花序无舌状花③④，排列成顶生疏散伞房花序③④；总苞狭钟状④；总苞片约15片，线形④，有时变黑色；花冠黄色③④。生于沙石处、田边。

天山千里光具舌状花；北千里光无舌状花。

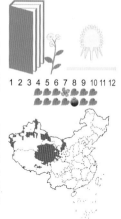

1 2 3 4 5 6 7 8 9 10 11 12

额河千里光

菊科 千里光属

Senecio argunensis

Argun Groundsel | éhéqiānlǐguāng

多年生草本，植株高大；茎单生，直立①②；茎初被蛛丝状毛，上部有分枝②；基生叶和下部茎叶在花期枯萎，通常凋落；中部叶密集，叶片卵状长圆形至长圆形①，无柄，羽状深裂①②；头状花序有舌状花①②③，多数，排列成顶生复伞房花序①②③；总苞近钟状，具外层苞片；总苞片约13片，长圆状披针形，上端具短髯毛，边缘干膜质，绿色或有时变紫色；舌状花黄色①②③，管状花多数，花冠黄色①②③；瘦果圆柱形，冠毛淡白色。

生于草坡、山地草甸。

额河千里光植株高大，叶羽状深裂，头状花序排列成顶生复伞房花序，花序有舌状花，黄色。

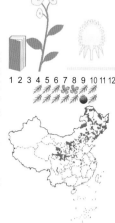

1 2 3 4 5 6 7 8 9 10 11 12

矮垂头菊
菊科 垂头菊属

Cremanthodium humile

Low Nutantdaisy | ǎichuítóujú

多年生草本；地上部分的茎直立，高5～20厘米；茎下部叶具柄，光滑，叶片卵形或卵状长圆形①②，有时近圆形，先端钝或圆形，全缘或具浅齿①②，上面光滑，下面被密的白色柔毛，有明显的羽状中脉；茎中上部叶无柄或有短柄，叶片卵形至线形，向上渐小，全缘或有齿，下面被密的白色柔毛；头状花序单生①②③，下垂，辐射状①②③，总苞半球形，总苞片8～12枚，先端急尖或渐尖；舌状花黄色①②③，管状花黄色①②③，多数；冠毛白色；瘦果长圆形。

生于高山流石滩。

矮垂头菊茎下部叶卵形或卵状长圆形，头状花序单生，花黄色，冠毛白色。

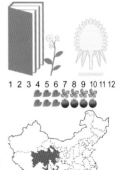

1 2 3 4 5 6 7 8 9 10 11 12

褐毛垂头菊
菊科 垂头菊属

Cremanthodium brunneopilosum

Brownhair Nutantdaisy | hèmáochuítóujú

多年生草本；丛生叶多达7片，叶片长椭圆形至披针形①；头状花序辐射状①②，下垂，1～13个，通常排列成总状花序①②；花序梗被褐色有节长柔毛；舌状花黄色①②，舌片线状披针形①②；管状花多数，褐黄色①；冠毛白色。

生于高山沼泽草甸、水边。

相似种：车前状垂头菊【*Cremanthodium ellisii*，菊科 垂头菊属】 多年生草本；丛生叶卵形、宽椭圆形至长圆形③，茎生叶卵形、卵状长圆形至线形，半抱茎；头状花序1～5个，通常单生③，下垂，辐射状③；舌状花黄色③，管状花深黄色。生于高山流石滩、沼泽草地。

褐毛垂头菊花常排列成总状花序；车前状垂头菊花通常单生。

1 2 3 4 5 6 7 8 9 10 11 12

1 2 3 4 5 6 7 8 9 10 11 12

蛛毛蟹甲草

康定蟹甲草　菊科 蟹甲草属

Parasenecio roborowskii

Roborowsk Cacalia ｜ zhūmáoxièjiǎcǎo

多年生草本；被白色蛛丝状毛，或变无毛；叶薄纸质，叶片卵状三角形①；头状花序多数，通常在顶端或上部叶腋排成塔状的疏圆锥状花序①，下垂②；总苞片3枚，黄绿色②，条状矩圆形；花3朵，全部筒状，花冠白色；瘦果圆柱形。

生于山谷沟边、林下、灌丛中。

相似种：华蟹甲【*Sinacalia tangutica*，菊科 华蟹甲属】叶厚纸质，心形，羽状深裂③；头状花序在顶端和上部叶腋密集成宽圆锥花序③④，花序轴和总花梗有黄褐色短毛；总苞片5枚，有2～3朵舌状花，筒状花4～7个，花冠黄色③④。生境同上。

蛛毛蟹甲草叶片卵状三角形；华蟹甲叶片心形，羽状深裂。

黄帚橐吾

菊科 橐吾属

Ligularia virgaurea

Goldenrod Goldenray ｜ huángzhǒutuówú

多年生草本；叶片卵形、椭圆形或长圆状披针形①，总状花序密集或上部密集①；头状花序辐射状，舌状花黄色①，管状花多数。

生于沼泽草甸、阴坡湿地、灌丛。

相似种：箭叶橐吾【*Ligularia sagitta*，菊科 橐吾属】丛生叶与茎下部叶具柄，叶箭形②；总状花序②；头状花序多数②，辐射状；舌状花5～9朵，黄色②，管状花多数。生于草坡、林缘、灌丛。

掌叶橐吾【*Ligularia przewalskii*，菊科 橐吾属】叶片轮廓卵形，掌状分裂③；总状花序③；头状花序辐射状；舌状花2～3朵，黄色③，管状花常3朵。生境同上。

黄帚橐吾叶卵形、椭圆形；箭叶橐吾叶箭形；掌叶橐吾叶掌状分裂。

草本植物 花黄色 小而多 组成头状花序

旋覆花 旋复花 菊科 旋覆花属

Inula japonica

Japanese Yellowhead | xuánfùhuā

多年生草本；茎单生，有时2～3个簇生，直立被长伏毛；中部叶长圆形、长圆状披针形或披针形①，基部渐狭或有半抱茎的小耳，无叶柄，边缘有小尖头的疏齿或全缘；头状花序，多或少数排成疏散伞房状①；总苞半球形，总苞片约6层，条状披针形，外层基部革质，上部叶质，背面有伏毛或近无毛，内层除绿色中脉外干膜质，渐尖；舌状花黄色①②③，舌片线形，顶端有3小齿；筒状花长约5毫米；冠毛1层，白色；瘦果圆柱形。

生于路旁、河岸边。

旋覆花中部叶长圆形，头状花序，舌状花线形，黄色。

高原天名精 高山金挖耳 菊科 天名精属

Carpesium lipskyi

Plateau Carpesium | gāoyuántiānmíngjīng

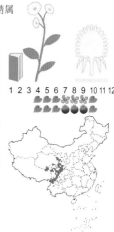

多年生草本；茎直立，高35～70厘米，叶柄及叶片中肋均常带紫色②，上部分枝，有短柔毛；基生叶于开花前凋萎或有时宿存，茎下部叶较大，叶片椭圆形或匙状椭圆形；上部叶椭圆形至椭圆状披针形②；头状花序单生茎、枝端或腋生而具较长的花序梗③，开花时下垂③；苞叶5～7枚，披针形①，大小近相等；总苞片4层，外层与苞叶相似，披针形①；花黄色①，全为管状花①；两性花被白色柔毛，冠檐扩大开张，呈漏斗状，5齿裂；外围的雌花狭漏斗状，冠檐5齿裂。

生于高山草地、山谷沟边。

高原天名精叶椭圆形，头状花序，开花时下垂，苞叶5～7枚，披针形，花黄色，全为管状花。

同花母菊　　菊科 母菊属

Matricaria matricarioides

Homoflower Mamdaisy ｜ tónghuāmǔjú

　　一年生草本：高5～30厘米，直立或斜升；茎单一或基部有多数花枝和细小不育枝，上部分枝②③；叶长圆形或倒披针形，二回羽状全裂，裂片线形，小裂片短线形②③；头状花序同型，生于茎枝顶端①②③；总苞片3层，有白色透明膜质边缘；花托卵状圆锥形；全为管状花，淡黄绿色①②③，冠檐4裂；瘦果长圆形，淡褐色；冠毛极短，有微齿，白色。

　　生于河边沙石地。

　　同花母菊叶二回羽状全裂，裂片线形，头状花序；总苞片有白色透明膜质边缘；全为管状花，花淡黄绿色。

1 2 3 4 5 6 7 8 9 10 11 12

黄缨菊　黄冠菊　　菊科 黄缨菊属

Xanthopappus subacaulis

Common Xanthopappus ｜ huángyīngjú

　　多年生无茎草本：根状茎粗，颈部被纤维状的残存叶柄；叶莲座状，平展，革质，矩圆状披针形①，羽状深裂①，裂片边缘有不规则小裂片，边缘具硬刺①；头状花序数个至10余个密集成近球形①，直径达5～12厘米；总苞片多层覆瓦状排列，条状披针形，顶端刺尖①，干时禾黄色，外层开展下弯；花黄色①，长约3～4厘米；瘦果倒卵形，扁平，有褐色斑点；冠毛淡黄色刚毛状，有微短的羽毛。

　　生于山坡。

　　黄缨菊叶莲座状，羽状深裂，革质，边缘具硬刺，头状花序数个至10余个密集成近球形，花黄色。

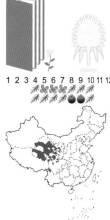

1 2 3 4 5 6 7 8 9 10 11 12

香芸火绒草　　菊科 火绒草属

Leontopodium haplophylloides

Haplophyllum-like Edelweiss　｜　xiāngyúnhuǒróngcǎo

多年生草本；根状茎短小，近横走，有多数不育茎和花茎，簇状丛生；茎直立①，高15～30厘米，具芳香味；叶稍直立或开展，狭披针形或线状披针形①，无柄，边缘稍反卷或平；苞片常多数②，披针形②，较叶稍短，中部稍宽，上面被白色厚茸毛②，下面与叶同色；头状花序经常5～7个密集②；总苞被白色柔毛状茸毛②；总苞片3～4层，顶端无毛；小花异形，雄花或雌花较少，或雌雄异株；冠毛白色。

生于高山草地、灌丛。

相似种：矮火绒草【*Leontopodium nanum*，菊科 火绒草属】植株低矮，花茎被白色绵毛状厚茸毛③；苞叶少③④，不开展成星状苞片群③④。生于高山湿润地、砾石坡地。

香芸火绒草植株较高大，有苞叶群，具芳香味；矮火绒草植株低矮，无苞叶群，无芳香味。

空桶参　　菊科 绢毛苣属

Soroseris erysimoides

Sugarmustard Soroseris　｜　kōngtǒngshēn

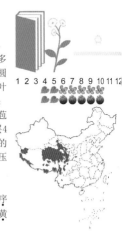

多年生草本；茎直立①②，单生，圆柱状①，上下等粗，不分枝，无毛或上部被白色柔毛；叶多数，沿茎螺旋状排列①，中下部茎叶líng舌形、椭圆形或线状长椭圆形，边缘全缘或皱波状；上部茎叶及接团伞花序下部的叶与中下部叶同形，但渐小；头状花序多数，在茎端集成团伞状花序①②；总苞片2层，外层2枚，线形，紧贴内层总苞片，内层4枚，披针形或长椭圆形，通常外面无毛或被稀疏的长柔毛；舌状小花黄色，舌片4枚①②；瘦果微压扁，近圆柱状，红棕色。

生于高山灌丛、草甸或流石滩。

空桶参茎单生，叶沿茎螺旋状排列，头状花序多数，在茎端集成团伞状花序，全部为舌状花，黄色，每小花有舌片4枚。

弯茎还阳参 菊科 还阳参属

Crepis flexuosa

Flexuose Hawksbeard | wānjīnghuányángshēn

多年生草本；茎自基部分枝①；基生叶及下部茎叶倒披针形，羽状深裂、半裂或浅裂①；头状花序①；舌状小花黄色①。

生于山坡、河滩草地。

相似种：窄叶小苦荬【*Ixeridium gramineum***，菊科 小苦荬属】**主茎不明显，基部多分枝②；基生叶匙状长椭圆形②；茎生叶少数，1~2枚，通常不裂；头状花序②；舌状小花黄色②③，有时白色或红色（另见332页）。生于山坡草地、荒地。

抱茎小苦荬【*Ixeridium sonchifolium***，菊科 小苦荬属】**茎单生，直立；基生叶莲座状，匙形或长椭圆形，边缘有锯齿；上部茎叶心形披针形④，基部心形或圆耳状扩大抱茎④；头状花序⑤，舌状小花黄色⑤。生于路旁、林下。

弯茎还阳参基部分枝，茎生叶多数；窄叶小苦荬基部分枝，茎生叶1~2枚；抱茎小苦荬茎单生，上部茎生叶基部心形或抱茎。

日本毛连菜 枪刀菜 菊科 毛连菜属

Picris japonica

Japanese Oxtongue | rìběnmáoliáncài

多年生草本，高30~120厘米；茎直立①，茎基部有时稍带紫红色，上部伞房状或伞房圆锥状分枝①；基生叶花期枯萎；全部茎枝被稠密或稀疏的钩状硬毛③，硬毛黑色或黑绿色；下部茎叶倒披针形、椭圆状披针形或椭圆状倒披针形④，边缘有细尖齿或钝齿或边缘浅波状④，两面被分叉的钩状硬毛，无柄；头状花序多数①，排成伞房花序或伞房圆锥花序①，有线形苞叶②；总苞圆柱状钟形②，总苞片3层，黑绿色②，全部总苞片外面被黑色或近黑色的硬毛；舌状小花黄色①②。

生于山坡草地、林缘、高山草甸。

日本毛连菜茎枝被稠密或稀疏的钩状硬毛，头状花序，舌状花黄色，无管状花。

苦苣菜 滇苦荬菜 菊科 苦苣菜属

Sonchus oleraceus

Common Sowthistle | kǔjùcài

茎直立，单生；基生叶羽状深裂或大头羽状深裂；中下部茎叶羽状深裂或大头状羽状深裂③，叶柄基部圆耳状抱茎③；头状花序在茎枝顶端排成伞房花序或总状花序或单生茎枝顶端①②；舌状小花黄色①；瘦果褐色②，无喙，冠毛白色②。

生于山坡或山谷林缘、林下或田间。

相似种：苣荬菜【*Sonchus arvensis***，菊科 苦苣菜属】**基生叶与中下部茎叶倒披针形或长椭圆形⑤，羽状深裂或浅裂⑤；上部茎叶披针形或线钻形；中部以上茎叶基部圆耳状扩大半抱茎；头状花序在茎枝顶端排成伞房状花序；舌状小花黄色④；瘦果。生于山坡草地、村边。

苦苣菜叶羽状深裂或大头羽裂，头状花序小，径约1.5厘米；苣荬菜叶羽状深裂或浅裂，头状花序大，径约2.5厘米。

蒲公英 菊科 蒲公英属

Taraxacum mongolicum

Mongolian Dandelion | púgōngyīng

多年生草本；叶倒卵状披针形、倒披针形或长圆状披针形①②，边缘有时具波状齿或羽状深裂，有时倒向羽状深裂或大头羽状深裂①②；花葶1至数个①②；头状花序①②③；总苞片2~3层，外层总苞片卵状披针形或披针形，先端增厚或具角状凸起；内层总苞片线状披针形，具小角状凸起；舌状花黄色①②③，边缘花舌片背面具紫红色条纹；瘦果倒卵状披针形④，上部具小刺，下部具成行排列的小瘤，顶端逐渐收缩为圆锥至圆柱形喙基；冠毛白色④。

生于山坡草地、路边、田野。

蒲公英具乳汁，叶基生，倒卵状披针形，羽状深裂，头状花序，舌状花黄色，无管状花。

高山露珠草

柳叶菜科 露珠草属

Circaea alpina

Dewdropgrass | gāoshānlùzhūcǎo

多年生草本；植株高3～50厘米，无毛或茎上被短镰状毛及花序上被腺毛；叶对生①②，形变异极大，自狭卵状菱形或椭圆形至近圆形①②，边缘近全缘至尖锯齿；顶生总状花序①③；花梗与花序轴垂直或花梗呈上升或直立①，基部有时有1枚刚毛状小苞片；花萼无或短；花瓣2枚，白色①②③，倒三角形、倒卵形至阔倒卵形③，先端2裂③；雄蕊2枚③，与花柱等长或略长于花柱；蜜腺不明显，藏于花管内；果实棒状至倒卵状③，1室，具1粒种子。

生于灌丛下、林下。

高山露珠草叶对生，狭卵状菱形或椭圆形至近圆形，顶生总状花序，花瓣2枚，白色，先端2裂，雄蕊2枚，果实棒状至倒卵状。

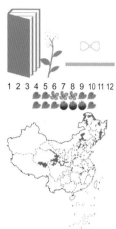

淫羊藿

小檗科 淫羊藿属

Epimedium brevicornu

Shorthorn Barrenwort | yínyánghuò

多年生草本，植株高20～60厘米；根状茎粗短，木质化；基生叶和茎生叶二回三出复叶①；基生叶1～3枚丛生，具长柄，茎生叶2枚，对生；小叶纸质或厚纸质，卵形或阔卵形①，叶缘具刺齿①；花茎具2枚对生叶，圆锥花序①②，具20～50朵花，花序轴及花梗被腺毛②；萼片8枚，2轮排列，外萼片暗绿色，内萼片花冠状①②③，白色①②③；花瓣4枚，远较内萼片短③，距呈圆锥状③，瓣片很小③；雄蕊4枚，与花瓣对生；蓇葖果宿存花柱喙状④。

生于林下、沟边灌丛、山坡阴湿处。

淫羊藿叶卵形或阔卵形，叶缘具刺齿，花萼8枚，内轮花萼花冠状，白色，花瓣4枚，蓇葖果。

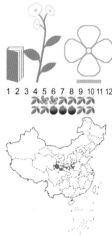

密序山菥菜 十字花科 山菥菜属

Eutrema heterophyllum

Compact Eutrema | mì xù shān yú cài

多年生草本；高3～20厘米，全株无毛；根粗大，根颈处有残存枯叶柄，并具1至数条茎；茎直立，基生叶具长柄，叶片长圆状披针形、披针形或条形，顶端钝或渐尖，果期略伸长；茎生叶有短柄至无柄，长圆卵形至披针形①②；总状花序密集呈头状①②，果期不延伸；萼片倒卵形②，宿存②，基部渐窄成爪；花瓣4枚①，白色①，顶钝；短角果直或微曲②，长圆状条形②，长6～12毫米，顶端渐尖；果瓣具中脉，假隔膜具长形穿孔；种子长圆状椭圆形，黑褐色。

生于山坡草丛或高山石缝中。

密序山菥菜茎生叶长圆卵形至披针形，总状花序密集呈头状，萼片宿存，花瓣4枚，白色，短角果长圆状条形。

蚓果芥 念珠芥 十字花科 念珠芥属

Neotorularia humilis

Low Northern-rockcress | yǐn guǒ jiè

多年生草本；茎自基部分枝；基生叶窄卵形，早枯；下部茎生叶宽匙形至窄长卵形，全缘或具2～3对钝齿；中上部叶条形②；花序呈紧密伞房状①，果期伸长；花瓣白色①②，顶端近截形或微缺；长角果筒状①，略呈念珠状①。

生于林下、河滩、草地。

相似种：狭果葶苈【*Draba stenocarpa*，十字花科 葶苈属】茎直立或稍弯；基生叶莲座状，长椭圆形或倒卵形，全缘或有1～3个锯齿；茎生叶披针形或长圆形，边缘有1～3个锯齿；总状花序有花10～60朵③④，成伞房状，开花时疏松③④，结实时显著伸长；花瓣淡白色③④；短角果条状③④。生于高山草甸、灌丛。

蚓果芥长角果筒状，略呈念珠状；狭果葶苈短角果条状。

菥蓂 遏蓝菜 十字花科 菥蓂属

Thlaspi arvense

Field Pennycress | xīmì

一年生草本；茎直立，不分枝或分枝；基生叶倒卵状长圆形，基部抱茎，两侧箭形，边缘具疏齿；总状花序顶生①；花瓣4枚，白色①；短角果倒卵形或近圆形①②，扁平，顶端凹入①②，边缘有翅①②。

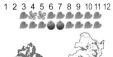

生于路旁、沟边、村旁。

相似种：荠【*Capsella bursa-pastoris***，十字花科荠属】** 茎直立；基生叶丛生呈莲座状④，大头羽状分裂④；茎生叶窄披针形或披针形，边缘有缺刻或锯齿；总状花序伞房状，花疏生，果期延长③；花瓣4枚（③左上），白色③；短角果倒三角形或倒心状三角形③，扁平，顶端微凹③。生境同上。

菥蓂短角果倒卵形或近圆形，顶端凹入，边缘有翅；荠短角果顶端微凹，倒三角形或倒心状三角形，无翅。

1 2 3 4 5 6 7 8 9 10 11 12

垂果南芥 大蒜芥 十字花科 南芥属

Arabis pendula

Drooping Rockcress | chuíguǒnánjiè

二年生草本；高30～150厘米，全株被硬单毛，杂有2～3叉毛②；茎直立①③；茎下部的叶长椭圆形至倒卵形①，顶端渐尖，边缘有浅锯齿，基部渐狭而成叶柄，长达1厘米；茎上部的叶狭长椭圆形至披针形②，较下部的叶略小，基部呈心形或箭形，抱茎，上面黄绿色至绿色②；总状花序顶生或腋生③，有花10余朵；萼片椭圆形，背面被有单毛、2～3叉毛及星状毛，花蕾期更密；花瓣4枚，白色③，匙形；长角果线形①，弧曲①，下垂③；种子椭圆形。

生于山坡、路旁及高山灌木林下。

垂果南芥总状花序顶生或腋生，花瓣4枚，白色，长角果线形，弧曲，下垂。

1 2 3 4 5 6 7 8 9 10 11 12

四川婆婆纳　玄参科 婆婆纳属

Veronica szechuanica

Sichuan Speedwell　│　sìchuānpópónà

　　多年生草本；主茎多直立①，分枝斜上至横卧，高15(或5)～30厘米；叶对生，具短柄；叶片圆卵形至卵形①②，长1.5～4厘米，边缘具钝齿①②，两面多少被柔毛；总状花序极短①②，2至数枝侧生于顶端叶腋①②，茎顶节间缩短①②，叶密集，故花序集成头状②；苞片条形，与花梗等长，疏被睫毛；花梗被长柔毛；花萼4深裂，裂片条状矩圆形；花冠白色①②③，少淡紫色，4深裂③；蒴果扁平④，倒心状三角形③，边缘生多细胞睫毛③。

　　生于沟谷、山坡草地、林缘。

　　四川婆婆纳叶对生，圆卵形至卵形，总状花序极短，花冠白色，4深裂，蒴果扁平，倒心状三角形，边缘生多细胞睫毛。

北方拉拉藤　茜草科 拉拉藤属

Galium boreale

Northern Bedstraw　│　běifānglālāténg

　　多年生直立草本①②；茎有4棱，无毛或有极短的毛；叶纸质或薄革质，叶4片轮生②③，狭披针形或线状披针形②③，顶端钝或稍尖，基部楔形或近圆形，边缘常稍反卷③，两面无毛，边缘有微毛；基出脉3条，在下面常凸起，在上面常凹陷，无柄或具极短的柄②③；聚伞花序顶生和生于上部叶腋，常在枝顶结成圆锥花序①②；花小；花瓣4枚①②，白色①②或淡黄色，辐状①②，花冠裂片卵状披针形；花柱2裂至近基部；果爿双生，密被白色稍弯的糙硬毛。

　　生于山坡、草丛、灌丛。

　　北方拉拉藤茎4棱，叶4片轮生，花常在枝顶结成圆锥花序，花瓣4枚，白色，果爿双生。

车轴草 香车叶草 茜草科 拉拉藤属

Galium odoratum

Sweetscented Bedstraw | chēzhóucǎo

多年生草本；茎直立①③，具4棱；叶纸质，6～10片轮生①②③，长圆状披针形或狭椭圆形①②③，在下部的较小，顶端短尖或渐尖，基部渐狭，沿边缘和有时在下面沿脉上具短的、向上的刚毛或在两面被稀薄紧贴的刚毛，有1条脉①③，无柄或具极短的柄①②③；伞房花序式的聚伞花序顶生①②③；苞片在花序基部4～6片，在分枝处常成对；花冠白色①②③或蓝白色，短漏斗状，花冠裂片4枚①②；雄蕊4枚，具短的花丝；花柱短，2深裂，柱头球形；果爿双生或单生，球形，密被钩毛。

生于林下阴湿处。

车轴草茎具4棱，6～10片轮生，长圆状披针形或狭椭圆形，花冠白色，短漏斗状，花冠裂片4枚，果爿双生或单生，球形。

1 2 3 4 5 6 7 8 9 10 11 12

舞鹤草 百合科 舞鹤草属

Maianthemum bifolium

Twoleaf Beadruby | wǔhècǎo

多年生矮小草本①；根状茎细长匍匐；茎直立，不分枝；基生叶1枚，早落；茎生叶2枚①，互生于茎的上部①；叶片厚纸质，三角状卵形①；总状花序顶生①②，有20朵花左右①②；总花轴有柔毛或乳突状毛，花白色①②③；花梗细，长约5毫米，基部有宿存苞片，顶端有关节；花被片4枚③，矩圆形，长约2毫米，有1条脉，开展或下弯③；雄蕊4枚③；浆果球形④，红色到紫黑色④，有1～3枚卵形有皱纹的种子。

生于高山林下。

舞鹤草茎生叶2枚，三角状卵形，互生于茎的上部，花白色，花被片4枚，浆果球形，红色到紫黑色。

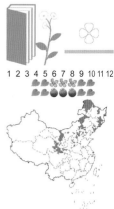

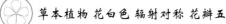

薄蒴草

石竹科 薄蒴草属

Lepyrodiclis holosteoides

False Jagged-ckickweed | báoshuòcǎo

一年生草本，全株被腺毛；茎高40～100厘米，具纵条纹，上部被长柔毛；叶对生①②，叶片披针形①②，顶端渐尖，基部渐狭，边缘具腺柔毛；圆锥花序开展①；苞片草质，披针形或线状披针形；花梗细，密生腺柔毛；萼片5枚，线状披针形，外面疏生腺柔毛；花瓣5枚①②③，白色①②③，与萼片等长或稍长；顶端全缘；雄蕊通常10枚，花丝基部宽扁；花柱2枚，线形；蒴果卵圆形，短于宿存萼，2瓣裂；种子扁卵圆形，红褐色。

生于荒芜农地、林缘。

薄蒴草叶对生，叶片披针形，花瓣5枚，白色，雄蕊通常10枚，花柱2枚，蒴果卵圆形。

甘肃雪灵芝

甘肃蚤缀 石竹科 无心菜属

Arenaria kansuensis

Gansu Sandwort | gānsùxuělíngzhī

多年生垫状草本①②；主根粗壮，木质化，下部密集枯叶；叶片针状线形①②④；基部稍宽，抱茎，边缘狭膜质，顶端急尖，呈三棱形，质稍硬，紧密排列于茎上；花单生枝端①②③④；苞片披针形，基部连合呈短鞘，边缘宽膜质，顶端锐尖，具1条脉；萼片5枚③，披针形，基部较宽，边缘宽膜质，顶端尖，具1条脉；花瓣5枚①②③④，白色①②③④，倒卵形；花盘杯状，具5个腺体；雄蕊10枚，花丝扁线形，花药褐色；子房球形，1室，具多数胚珠，花柱3枚；蒴果。

生于高山草甸、山坡草地。

甘肃雪灵芝多年生垫状草本，叶对生，针状线形，花单生枝端，花瓣5枚，白色，雄蕊10枚，花柱3枚，蒴果。

草本植物 花白色 辐射对称 花瓣五

西南无心菜

石竹科 无心菜属

Arenaria forrestii

Forrest Sandwort | xīnánwúxīncài

多年生草本；茎丛生①；茎上部叶片革质①②，卵状长圆形或长圆状披针形①②，边缘具软骨质；花单生枝端①②；萼片5枚；花瓣5枚①②，白色①②或粉红色，顶端钝圆，有时稍平截或微凹①②；雄蕊10枚，花药黄色；花柱3枚②；蒴果。

生于高山草甸、沼泽草甸和碎石堆。

相似种：黑蕊无心菜【*Arenaria melanandra*，石竹科 无心菜属】茎单生或基部二分叉；叶片长圆形或长圆状披针形；茎下部叶具短柄，上部叶无柄；花1～3朵，呈聚伞状；萼片5枚，外面绿色，疏被黑紫色腺柔毛；花瓣5枚③，白色③，顶端微凹；雄蕊10枚，花药黑紫色③；花柱2～3枚；蒴果稍短于宿存萼。生境同上。

西南无心菜叶革质，花单生枝顶，花药黄色；黑蕊无心菜花1～3朵，呈聚伞状，花药黑紫色。

1 2 3 4 5 6 7 8 9 10 11 12

1 2 3 4 5 6 7 8 9 10 11 12

蔓茎蝇子草

匍生蝇子草 石竹科 蝇子草属

Silene repens

Vine Catchfly | mànjīngyíngzǐcǎo

多年生草本；茎疏丛生或单生①；叶片线状披针形①；总状圆锥花序①②③，小聚伞花序常具1～3朵花②；花萼筒状棒形①②③，常带紫色①②；花瓣白色①②③，稀黄白色，浅2裂②或深达其中部③；副花冠片长圆状③；雄蕊微外露③；蒴果。

生于林下、湿润草地。

相似种：长梗蝇子草【*Silene pterosperma*，石竹科 蝇子草属】基生叶倒披针状线形或线形④；茎生叶1～2对④；总状花序④，花常对生④，稀假轮生，微俯垂④；花梗纤细④；花萼筒白色④，近膜质，脉淡紫色；花瓣黄白色④，深2裂；副花冠片小，线形；花柱3枚；蒴果。生于山地林缘或灌丛草地。

蔓茎蝇子草总状圆锥花序，小聚伞花序常具1～3朵花，花萼筒常带紫色；长梗蝇子草总状花序，花常对生，花萼筒黄白色。

1 2 3 4 5 6 7 8 9 10 11 12

1 2 3 4 5 6 7 8 9 10 11 12

草本植物 花白色 辐射对称 花瓣五

山卷耳　　石竹科 卷耳属

Cerastium pusillum

Wild Mouseear ｜ shān juǎn'ěr

多年生草本，高5~15厘米；茎丛生①，上升，密被柔毛；茎下部叶较小，对生，叶片匙状；茎上部叶稍大，叶片长圆形至卵状椭圆形①，基部钝圆或楔形，两面均密被白色柔毛，边缘具缘毛；聚伞花序顶生①②③，具2~7朵花①②③；花梗细，密被腺柔毛③，花后常垂要②；萼片5枚，披针状长圆形③，下面密被柔毛③，顶端两侧宽膜质，有时带紫色③；花瓣5枚①②，白色①②③，比萼片长1/3~1/2(②左下)，顶端2浅裂至1/4处(②左下)；雄蕊10枚，花柱5枚；蒴果长圆形，10齿裂。

生于高山草地。

山卷耳茎丛生，叶对生，聚伞花序具2~7朵花，花萼5枚，花瓣5枚，白色，雄蕊10枚，花柱5枚，蒴果。

腺毛繁缕　森林繁缕　石竹科 繁缕属

Stellaria nemorum

Glandhair Chickweed ｜ xiàn máo fán lǚ

一年生草本；全株被疏腺柔毛；基生叶较小，叶片卵形，具柄；茎中部叶片长圆状卵形①，两面被疏柔毛；上部叶具短柄、无柄至半抱茎③；疏散聚伞花序顶生①③；萼片5枚；花瓣白色①②③，2深裂近达基部①②③，稍长于萼片；雄蕊10枚；花柱3枚；蒴果卵圆形。

生于山坡草地。

相似种：湿地繁缕【*Stellaria uda*，石竹科 繁缕属】 茎丛生，纤细，上部近直立④；叶近基部者短小而密集，茎上部叶片线状披针形④，挺直，无柄④，半抱茎；聚伞花序顶生⑤；萼片5枚，边缘膜质；花瓣5枚(④左上)，白色(④左上)，2深裂几达基部(④左上)；雄蕊10枚；花柱3枚；蒴果长圆形。生于水沟边、坡地。

腺毛繁缕茎中部叶长圆状卵形；湿地繁缕叶片线状披针形。

孩儿参 异叶假繁缕　石竹科 孩儿参属

Pseudostellaria heterophylla

Heterophyllous Pseudostellaria ｜ hái'érshēn

多年生草本；茎下部叶常1～2对，叶片倒披针形，基部渐狭至长柄状；上部叶2～3对，叶片宽卵形或菱状卵形①；开花受精花1～3朵①，腋生或呈聚伞花序；萼片5枚；花瓣5枚①②，白色①②，顶端2浅裂①②；雄蕊10枚；花柱3枚；闭花受精花具短梗；蒴果宽卵形。

生于山谷林下阴湿处。

相似种：细叶孩儿参【*Pseudostellaria sylvatica*，石竹科 孩儿参属】茎直立；叶无柄，叶片线形或披针状线形③④；开花受精花单生茎顶或呈二歧聚伞花序③④；花梗纤细③；花瓣5枚③④，白色③④，稍长于萼片，顶端2浅裂③④；花柱2～3枚；闭花受精花着生下部叶腋或短枝顶端；蒴果卵圆形。生境同上。

孩儿参上部叶宽卵形或菱状卵形；细叶孩儿参叶线形或披针状线形。

近羽裂银莲花 毛茛科 银莲花属

Anemone subpinnata

Pinnatipartite Windflower ｜ jìnyǔlièyínliánhuā

多年生草本；基生叶4～7片①，有长柄④，叶片狭椭圆状卵形或卵形，3全裂④，一回中全裂片卵形，通常又3全裂，有时3深裂，二回中全裂片3深裂，深裂片互相稍覆瓦，二回侧全裂片与一回侧全裂片相似，但较小，3浅裂，两面稍密被柔毛；花葶直立①；苞片3枚③，无柄③，近等大，椭圆状卵形或长圆状卵形；花梗1枚；萼片5枚①②，白色①②、堇色，倒卵形，顶端圆形，外面有长柔毛；花瓣无；心皮10～11枚，子房密被淡黄色长柔毛；瘦果。

生于高山草地。

近羽裂银莲花基生叶3全裂，萼片5枚，白色、堇色，花瓣无，心皮10～11枚，瘦果。

扁果草 毛茛科 扁果草属

Isopyrum anemonoides

Anemone-like Isopyrum | biǎnguǒcǎo

多年生草本；茎直立；基生叶多数，有长柄，为二回三出复叶①；叶片轮廓三角形，中央小叶具细柄②，等边菱形至倒卵状圆形，3全裂或3深裂①②，裂片有3枚粗圆齿或全缘①②，不等的2~3深裂或浅裂①②；茎生叶1~2枚，似基生叶，但较小；花序为简单或复杂的单歧聚伞花序，有2~3朵花；萼片5枚①③，花瓣状①③，白色①③；花瓣黄色③，长圆状船形③，基部筒状；雄蕊20枚左右；心皮2~5枚；蓇葖果扁平（①左上），宿存花柱微外弯（①左上）；种子椭圆球形，近黑色。

生于山地草原或林下石缝。

扁果草叶为二回三出复叶，中央小叶具细柄，萼片5枚，花瓣状，白色，花瓣长圆状船形，蓇葖果扁平。

细叉梅花草 虎耳草科 梅花草属

Parnassia oreophila

Mountain-loving Parnassia | xìchāméihuācǎo

多年生草本，高17~30厘米；基生叶2~8枚，具柄，叶片卵状长圆形或三角状卵形①；花单生于茎顶①；萼筒钟状，萼片披针形；花瓣白色①②，宽匙形或倒卵状长圆形①②；雄蕊5枚②，退化雄蕊5枚②，先端3深裂达2/3；柱头3裂，蒴果长卵球形。

生于高山草地、林缘、阴坡。

相似种：三脉梅花草【*Parnassia trinervis*，虎耳草科 梅花草属】基生叶4~9枚，叶片长圆形或卵状长圆形③；花单生于茎顶③；萼片披针形或长圆披针形，外面有明显3条脉；花瓣白色③④，倒披针形，有明显3条脉③④；雄蕊5枚④，退化雄蕊5枚④，先端3浅裂达1/3④。生于山谷潮湿地、沼泽草甸。

细叉梅花草退化雄蕊先端3深裂达2/3；三脉梅花草花有明显3条脉，退化雄蕊先端3浅裂达1/3。

黑虎耳草　虎耳草科　虎耳草属

Saxifraga atrata

Black Rockfoil　|　hēihǔ'ěrcǎo

多年生草本；叶基生①，叶片卵形至阔卵形①，边缘具圆齿状锯齿和睫毛①；花葶单一，或数条丛生①；聚伞花序圆锥状或总状①，具7~25朵花①；萼片在花期反曲；花瓣5枚①②，白色①②，基部狭缩成爪；花药黑紫色②，花丝钻形；心皮2枚，黑紫色②，大部合生；子房阔卵球形①。

生于高山灌丛、高山草甸、高山碎山隙。

相似种：零余虎耳草【*Saxifraga cernua*，虎耳草科　虎耳草属】茎被腺柔毛，基部具芽，叶腋具珠芽③④；基生叶具长柄，叶片肾形③；单花生于茎顶或枝端④，或聚伞花序具2~5朵花；花瓣白色③④或淡黄色。生境同上。

黑虎耳草叶均基生；零余虎耳草具基生叶和茎生叶，叶腋具珠芽。

东方草莓　野草莓　蔷薇科　草莓属

Fragaria orientalis

Oriental Strawberry　|　dōngfāngcǎoméi

多年生草本；匍匐枝细长，节上生根；茎被开展柔毛，上部较密，下部有时脱落；三出复叶①③，小叶几无柄，倒卵形或菱状卵形①③，顶生小叶基部楔形，侧生小叶基部偏斜，边缘有缺刻状锯齿①③；花序聚伞状③，有花2(或1)~5(或6)朵；花两性，稀单性；萼片卵圆披针形，顶端尾尖，副萼片线状披针形，偶有2裂；花瓣5枚①②，白色①②，基部具短爪；雄蕊18~22枚②，近等长；雌蕊多数②；聚合果半圆形③④，成熟后鲜红色③④，质软而多汁；宿存萼片开展或微反折④；瘦果卵形④。

生于山坡草地、林下。

东方草莓匍匐枝细长，三出复叶，花瓣5枚，白色，花托成熟时肉质，聚合果红色。

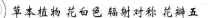

伏毛山莓草

薔薇科 山莓草属

Sibbaldia adpressa

Adpressedhairy Wildberry | fúmáoshānméicǎo

多年生草本；花茎矮小，丛生，被绢状糙伏毛；基生叶为羽状复叶①②，有小叶2对②，上面一对小叶基部下延与叶轴会合，有时混生有3片小叶；顶生小叶片有3(或2)齿②，极稀全缘，侧生小叶全缘②，披针形或长圆披针形②；茎生叶1～2枚，与基生叶相似；基生叶托叶膜质，暗褐色，茎生叶托叶草质，绿色；聚伞花序数朵，或单花顶生①②，花5数①②③；萼片三角卵形③，顶端急尖，副萼片长椭圆形，顶端圆钝或急尖；花瓣黄色或白色①②③，倒卵长圆形；雄蕊10枚；瘦果。

生于田边、山坡、砾石地。

伏毛山莓草羽状复叶，小叶2对，花瓣5枚，白色，雄蕊10枚，瘦果。

松潘棱子芹

异伞棱子芹 伞形科 棱子芹属

Pleurospermum franchetianum

Franchet Ribseedcelery | sōngpānléngzǐqín

茎生叶近三回三出式羽状分裂；复伞形花序①；总苞片条形②，3浅裂；小总苞片8枚；花白色①；双悬果椭圆形②。

生于林中草丛。

相似种：鸡冠棱子芹【*Pleurospermum cristatum***，伞形科 棱子芹属】**叶通常三出二回羽状分裂④；复伞形花序③④；总苞片3～7枚，全缘；花白色③；果实表面密生水泡状微凸起，果棱凸起，呈明显鸡冠状③。生于山坡林缘。

青藏棱子芹【*Pleurospermum pulszkyi***，伞形科 棱子芹属】**茎常带紫红色⑤；叶一至二回羽状分裂⑤；复伞形花序⑤；总苞片5～8枚，顶端钝尖或呈羽状分裂；伞辐5～10条⑤；花白色⑤。生于草地或石隙。

松潘棱子芹茎绿色，总苞片3浅裂；鸡冠棱子芹茎绿色，总苞片全缘，果实果棱凸起，呈鸡冠状；青藏棱子芹茎常带紫红色。

草本植物 花白色 辐射对称 花瓣五

长茎藁本 <small>伞形科 藁本属</small>

Ligusticum thomsonii

Thomson Ligusticum | chángjīnggǎoběn

多年生草本；茎多条，自基部丛生，具条棱及纵沟纹；基生叶具柄，基部扩大为具白色膜质边缘的叶鞘；叶片轮廓狭长圆形④，羽状全裂④，羽片5~9对④，边缘具不规则锯齿至深裂④；茎生叶较少，仅1~3枚，无柄，向上渐简化；复伞形花序顶生或侧生①，顶生者直径4~5厘米，侧生者常小而不发育；总苞片5~6枚，线形，具白色膜质边缘；伞辐12~20条；小总苞片10~15枚，线形至线状披针形，具白色膜质边缘；花瓣5枚②，白色①②③，卵形，具内折小舌片；花柱2枚，向下反曲；分生果主棱明显凸起。

生于林缘、灌丛及草地。

长茎藁本叶羽状全裂，羽片5~9对，复伞形花序，总苞片线形，伞辐12~20条，花瓣5枚，白色。

1 2 3 4 5 6 7 8 9 10 11 12

迷果芹 <small>伞形科 迷果芹属</small>

Sphallerocarpus gracilis

Thin Losefruit | míguǒqín

多年生草本；茎生叶二至三回羽状分裂，末回裂片边缘羽状缺刻或齿裂；复伞形花序①②；伞辐6~13条①②，不等长；小总苞片通常5枚，常向下反曲②；小伞形花序有花15~25朵①；花瓣顶端有内折的小舌片①；果实椭圆状长圆形②，背部有5条凸起的棱(②左下)。

生于路旁、荒地。

相似种：峨参【*Anthriscus sylvestris***，伞形科 峨参属】**二年生或多年生草本；基生叶片二回羽状分裂；复伞形花序③④，伞辐4~15条③④；花白色③，通常带绿或黄色；果实长卵形至线状长圆形④，光滑或疏生小瘤点④，顶端渐狭成喙状④，果柄顶端常有一环白色小刚毛④。生于山林林下、山谷溪边。

迷果芹果实顶端无刚毛，背部有5条凸起的棱；峨参果实顶端有一环白色小刚毛，光滑或疏生小瘤点。

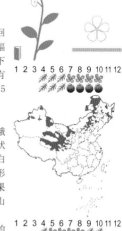

1 2 3 4 5 6 7 8 9 10 11 12

1 2 3 4 5 6 7 8 9 10 11 12

草本植物 花白色 辐射对称 花瓣五

首阳变豆菜 伞形科 变豆菜属
Sanicula giraldii
Shouyang Sanicle | shǒuyángbiàndòucài

多年生草本；基生叶多数，掌状3～5裂；茎生叶有短柄，着生在分枝基部的叶片无柄，掌状分裂①；总苞片状①；伞形花序2～4出①；小伞形花序有花6～7朵，雄花3～5朵；花瓣白色①或绿白色；两性花通常3朵；果实表面有钩状皮刺②，皮刺金黄色或紫红色。

生于山坡林下、路边、沟边。

相似种：小窃衣【*Torilis japonica*，伞形科 窃衣属】茎有纵条纹及刺毛；叶片一至二回羽状分裂；复伞形花序③④；总苞片3～6枚，通常线形；伞辐4～12条③④；小总苞片5～8枚，小伞形花序有花4～12朵；花瓣白色③、紫红色或蓝紫色；花柱幼时直立，果熟时向外反曲；果实通常有内弯或呈钩状的皮刺④。生境同上。

首阳变豆菜叶掌状分裂，总苞片状；小窃衣叶一至二回羽状分裂，总苞片通常线形，极少叶状。

鹿蹄草 鹿含草 鹿蹄草科 鹿蹄草属
Pyrola calliantha
Pyrola | lùtícǎo

常绿草本状小半灌木；叶4～7片，基生①②，革质①②；椭圆形或圆卵形①②，边缘近全缘或有疏齿，上面绿色，下面常有白霜，有时带紫色；总状花序有9～13朵花①，密生，花倾斜，稍下垂①，花冠裂片5枚，白色①，有时稍带淡红色；萼片舌形，先端急尖或钝尖，边缘近全缘；花瓣倒卵状椭圆形或倒卵形；雄蕊10枚，花丝无毛，花药长圆柱形，黄色；花柱常带淡红色①，倾斜，近直立或上部稍向上弯曲，伸出或稍伸出花冠①，顶端增粗，有不明显的环状凸起，柱头5圆裂；蒴果扁球形。

生于山地针叶林、阔叶林、灌丛。

鹿蹄草叶基生，革质，椭圆形或圆卵形，花冠白色，下垂，雄蕊10枚，蒴果扁球形。

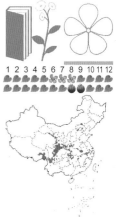

海乳草 报春花科 海乳草属

Glaux maritima

Sea Milkwort | hǎirǔcǎo

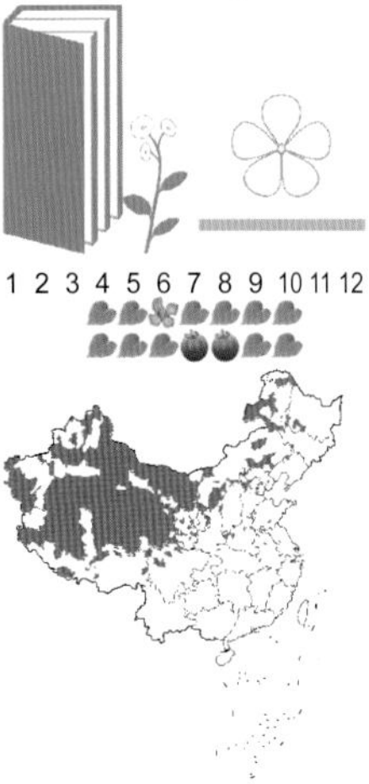
1 2 3 4 5 6 7 8 9 10 11 12

多年生草本；茎高3～25厘米，直立或下部匍匐，节间短，通常有分枝①②；叶近于无柄，交互对生或有时互生①②③，近茎基部的3～4对鳞片状，膜质，上部叶肉质①②③，线形、线状长圆形或近匙形①②③，先端钝或稍锐尖，基部楔形，全缘①②③；花单生于茎中上部叶腋①②③；花萼钟形，白色①②③或粉红色，花冠状①②③，分裂达中部；无花瓣；雄蕊5枚②，稍短于花萼；子房上半部密被小腺点，花柱与雄蕊等长或稍短②③；蒴果卵状球形③。

生于河漫滩盐碱地、沼泽草甸中。

海乳草茎直立或下部匍匐，花单生于叶腋，花萼5枚，白色或粉红色，花冠状，无花瓣，雄蕊5枚。

垫状点地梅 报春花科 点地梅属

Androsace tapete

Cushion Rockjasmine | diànzhuàngdiǎndìméi

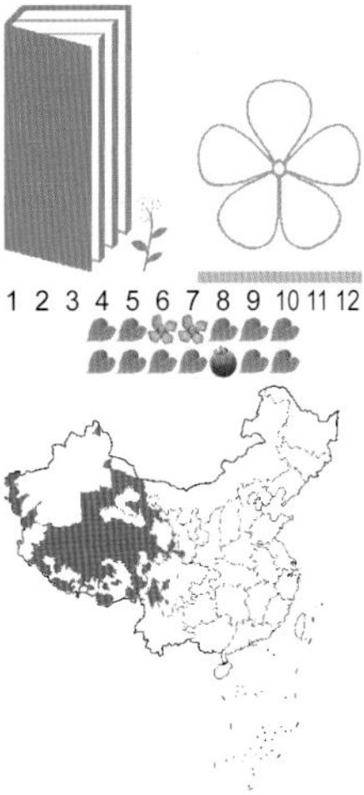
1 2 3 4 5 6 7 8 9 10 11 12

多年生草本；株形为半球形的坚实垫状体①②③④，由多数根出短枝紧密排列而成；根出短枝为鳞覆的枯叶覆盖，呈棒状；当年生莲座状叶丛叠生于老叶丛上，通常无节间；叶两型，外层叶卵状披针形或卵状三角形，内层叶线形或狭倒披针形，中上部绿色，顶端具密集的白色画笔状毛①④；花莛近于无或极短；花单生，无梗或具极短的柄，包藏于叶丛中；花萼筒状，具稍明显的5棱，棱间通常白色，分裂达全长的1/3；花瓣5枚，白色①②③，喉部红色或黄色①②③，裂片5枚；蒴果。

生于高山寒漠。

多年生垫状草本，花莛近于无，花单生，花冠白色，喉部红色或黄色。

草本植物 花白色 辐射对称 花瓣五

小点地梅 高山点地梅 报春花科 点地梅属

Androsace gmelinii

Gmelin Rockjasmine | xiǎodiǎndìméi

一年生小草本①；叶基生，叶片近圆形或圆肾形①②，基部心形或深心形①②，边缘具7～9个圆齿①②，两面疏被贴伏的柔毛①；花莛柔弱①；伞形花序2～3(或5)朵花，花萼密被白色长柔毛和稀疏腺毛(①右上)，果期略开张或稍反折；花冠白色①，先端钝或微凹；蒴果近球形。

生于沟谷和林缘草甸。

相似种：羽叶点地梅【*Pomatosace filicula*，报春花科 羽叶点地梅属】叶片羽状深裂至近羽状全裂④；花莛通常多枚自叶丛中抽出③；伞形花序6(或3)～12朵花③；花萼外面无毛，果时增大(④右上)；花瓣5枚③，白色③；蒴果近球形。生于高山草甸和河滩沙地。

小点地梅叶片近圆形或圆肾形，花萼密被白色长柔毛；羽叶点地梅叶羽状深裂至近羽状全裂，花萼外面无毛。

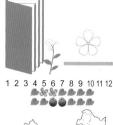

1 2 3 4 5 6 7 8 9 10 11 12

1 2 3 4 5 6 7 8 9 10 11 12

龙葵 野海椒 茄科 茄属

Solanum nigrum

Black Nightshade | lóngkuí

一年生直立草本①，茎无棱或棱不明显，绿色或紫色；叶卵形①④，先端短尖，基部楔形至阔楔形而下延至叶柄①，全缘或边缘具不规则的波状粗齿①④，光滑或两面均被稀疏短柔毛，叶脉每边5～6条④；蝎尾状花序腋外生，由3～6(或10)朵花组成，花梗近无毛或具短柔毛；萼小，浅杯状，齿卵圆形，先端圆；花冠白色②，筒部隐于萼内，5深裂②，裂片卵圆形②；花丝短，花药黄色②；子房卵形，中部以下被白色茸毛，柱头小，头状；浆果球形③，熟时黑色③。

生于田边、荒地及村庄附近。

龙葵叶卵形，全缘或边缘具不规则的波状粗齿，花冠白色，5深裂，花药黄色，浆果球形，熟时黑色。

1 2 3 4 5 6 7 8 9 10 11 12

1 2 3 4 5 6 7 8 9 10 11 12

血满草 忍冬科 接骨木属

Sambucus adnata

Adnate Elder | xuèmǎncǎo

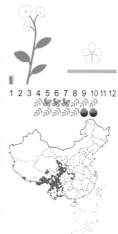

多年生高大草本或半灌木；根和根茎红色；茎草质，具明显的棱条；羽状复叶①，具叶片状或条形的托叶；小叶3～5对①，长椭圆形、长卵形或披针形①；小叶的托叶退化成瓶状凸起的腺体；聚伞花序顶生①②，长约15厘米，具总花梗，3～5出的分枝成锐角，初时密被黄色短柔毛，多少杂有腺毛；花小，有恶臭；萼被短柔毛；花冠裂片5枚③，白色①②③；雄蕊5枚③，花丝基部膨大，花药黄色③；子房3室，柱头3裂；果实红色④，球形④。

生于林下、沟边、山谷斜坡湿地。

血满草羽状复叶，聚伞花序顶生，花小，有恶臭，花冠白色，果实红色，球形。

玉竹 百合科 黄精属

Polygonatum odoratum

Fragrant Solomon's Seal | yùzhú

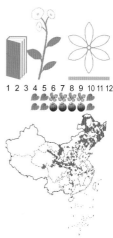

多年生草本；根状茎圆柱形；茎高20～50厘米，具4～9片叶①③；叶互生①③，椭圆形至卵状矩圆形①③，长5～12厘米，宽3～6厘米，先端尖，下面带灰白色，下面脉上平滑至呈乳头状粗糙；花序具1～4朵花①，总花梗（单花时为花梗）长1～1.5厘米，无苞片或有条状披针形苞片；花被黄绿色至白色①，合生呈筒状，裂片6枚，裂片长约3毫米；雄蕊6枚，花丝丝状，近平滑至具乳头状凸起；子房长3～4毫米；花柱长10～14毫米；浆果蓝黑色②，具7～9颗种子。

生于林下。

玉竹叶互生，椭圆形至卵状矩圆形，花序腋生，花被黄绿色至白色，合生呈筒状，裂片6枚，雄蕊6枚，浆果蓝黑色。

合瓣鹿药

百合科 鹿药属

Maianthemum tubiferum

Sympetalous Deerdrug | hébànlùyào

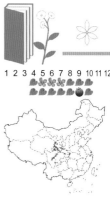

多年生矮小草本①；植株高10～30厘米；茎下部无毛，中部以上有短粗毛，具2～5片叶①②；叶纸质，卵形或矩圆状卵形①②，先端急尖或渐尖，基部截形或稍心形，近无柄或具短柄，两面疏生短毛，叶脉明显，老叶有时近无毛；总状花序有毛，具2～3朵花，有时多达10朵花①②；花白色①②③，花被片平展；花被片下部合生成杯状筒；裂片6枚③，矩圆形；雄蕊6枚，花丝与花药近等长；花柱与子房近等长，稍高出筒外；子房3室；浆果球形，具2～3颗种子。

生于林下阴湿处。

合瓣鹿药具2～5片叶，总状花序，花白色，花被裂片6枚，雄蕊6枚，浆果球形。

小花草玉梅

毛茛科 银莲花属

Anemone rivularis var. *flore-minore*

Littleflower Brooklet Windflower | xiǎohuācǎoyùméi

多年生草本；基生叶3～5片，有长柄；叶片肾状五角形②，3全裂②，中全裂片宽菱形或菱状卵形，3深裂，深裂片上部有少数小裂片和齿，侧全裂片不等2深裂，两面都有糙伏毛；花葶1(～3)条①；聚伞花序2(或1)～3回分枝；苞片3(或4)枚①，有柄，近等大，似基生叶，3裂近基部，深裂片通常不分裂，披针形至披针状线形①；萼片5(或6)枚①②③，白色①②③，有时状④；雄蕊长约为萼片之半；心皮30～60枚，子房狭长圆形，有拳卷的花柱；瘦果狭卵球形③；宿存花柱钩状弯曲③。

生于山地林边、草坡上。

小花草玉梅基生叶肾状五角形，3深裂，花萼花瓣状，萼片5(或6)枚，白色，瘦果宿存花柱钩状弯曲。

白花草木樨 白香草木樨 豆科 草木樨属

Melilotus albus

White Sweetclover | báihuācǎomùxī

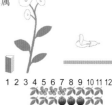

一年或二年生草本；羽状三出复叶①②，小叶长圆形或倒披针状长圆形②；顶生小叶稍大；总状花序①③，腋生，具花40～100朵，排列疏松；苞片线形；花冠白色①③，旗瓣椭圆形；子房卵状披针形；荚果椭圆形至长圆形。

生于田边、路旁荒地。

相似种:草木樨状黄芪【*Astragalus melilotoides***，**豆科 黄芪属】羽状复叶⑤，有5～7片小叶⑤；总状花序生多数花④⑤，稀疏；花小；苞片小，披针形；花萼短钟状；花冠白色或带粉红色④⑤，旗瓣近圆形或宽椭圆形，基部具短瓣柄；荚果宽倒卵状球形或椭圆形。生于向阳山坡、路旁草地。

白花草木樨羽状三出复叶；草木樨状黄芪羽状复叶有5～7片小叶。

糙叶黄芪 粗糙紫云英 豆科 黄芪属

Astragalus scaberrimus

Scabrous Milkvetch | cāoyèhuángqí

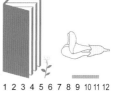

多年生草本；茎直立、丛生、匍匐或斜升，密被白色伏贴毛；羽状复叶①，小叶椭圆形或近圆形，两面密被伏贴毛；总状花序生3～5朵花①，排列紧密或稍稀疏；总花梗极短或长达数厘米，腋生；苞片披针形；花萼管状，被细伏贴毛；花冠淡黄色或白色①，旗瓣倒卵状椭圆形(①左上)，先端微凹，中部稍缢缩，下部稍狭成不明显的瓣柄，翼瓣较旗瓣短(①左上)，瓣片长圆形，先端微凹，龙骨瓣较翼瓣短(①左上)，瓣片半长圆形；荚果披针状长圆形。

生于山坡草地。

糙叶黄芪密被白色伏贴毛，羽状复叶，总状花序生3～5朵花，花蝶形，淡黄色或白色。

草本植物 花白色 两侧对称 蝶形

白荀筋骨草　　唇形科 筋骨草属

Ajuga lupulina

Whitebracteole Bugle | báibāojīngǔcǎo

多年生草本；茎粗壮，直立，茎4棱；叶片纸质，披针状长圆形③，边缘疏生波状圆齿或几全缘；穗状聚伞花序由多数轮伞花序组成①②③；苞叶大①②③，向上渐小，白黄、白或绿紫色①②③，卵形或阔卵形①②③；花萼萼齿5枚，狭三角形；花冠白、白绿或白黄色①②，具紫色斑纹②；唇形，上唇直立，2裂，下唇延伸，3裂；雄蕊4枚，二强，着生于冠筒中部，伸出，花丝被长柔毛或疏柔毛；花柱无毛，先端2浅裂；子房4裂，被长柔毛；小坚果倒卵状或倒卵长圆状三棱形。

生于河滩沙地、高山草地。

白荀筋骨草茎4棱，叶对生，穗状聚伞花序，苞叶大，花唇形，花瓣具紫色斑纹，雄蕊4枚，小坚果。

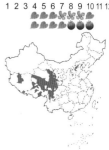

白花枝子花　　异叶青兰　唇形科 青兰属

Dracocephalum heterophyllum

Whiterflower Greenorchid | báihuāzhīzǐhuā

多年生草本；茎多数，丛生①，上部直立①，4棱，被白色倒向小毛，分枝或不分枝①②；叶对生，阔卵形至狭长圆形①②，先端钝或圆形，边缘具圆齿或小锯齿①②，基部心形或平截，两面光滑或密被白色短毛；轮伞花序密集成穗状①②③，每轮具4～10朵花；苞片倒披针形至狭长圆形，边缘具刺齿及缘毛②；花萼筒状，二唇形，上唇3齿短，下唇2齿长，齿端均具刺尖；花冠白色①②③，二唇近等长；花丝无毛，花药黑紫色；小坚果4颗，倒卵状三棱形。

生于山地草原、多石干燥地区。

白花枝子花茎4棱，叶对生，阔卵形至狭长圆形，轮伞花序密集成穗状，花唇形，白色。

鼬瓣花
唇形科 鼬瓣花属

Galeopsis bifida

Bifid Hempnettle | yòubànhuā

一年生草本，茎直立，通常高20～60厘米；茎钝四棱形；茎叶卵圆状披针形或披针形①，边缘有规则的圆齿状锯齿①；轮伞花序腋生，多花密集②；花萼管状钟形，外面有平伸的刚毛；花冠白色①②③、黄色或粉紫红色；花上唇卵圆形，先端钝，具不等的数齿，外被刚毛，下唇3裂，中裂片长圆形，紫纹直达边缘③；冠筒漏斗状；雄蕊4枚，均延伸至上唇片之下；小坚果倒卵状三棱形。

生于林缘、灌丛、草地。

鼬瓣花茎四棱形，叶对生，叶卵圆状披针形或披针形，轮伞花序腋生，花唇形，白色。

夏至草
夏枯草　唇形科 夏至草属

Lagopsis supina

Supine Lagopsis | xiàzhìcǎo

多年生草本；茎高15～35厘米，四棱形②，具沟槽，带紫红色，密被微柔毛，常在基部分枝；叶对生①③，叶片为卵圆形①②，3浅裂或深裂①，脉掌状；轮伞花序①②，在枝条上部者较密集，在下部者较疏松；小苞片，稍短于萼筒，弯曲，刺状，密被微柔毛；花萼管状钟形；花冠白色①②③，稀粉红色，唇形，稍伸出于萼筒，外面被绵状长柔毛③，内面被微柔毛，花丝基部有短柔毛；雄蕊4枚；花药卵圆形，2室；花柱先端2浅裂；小坚果长卵形，褐色。

生于路旁。

夏至草茎四棱形，具沟槽，叶掌状3深裂，轮伞花序，花冠唇形，白色。

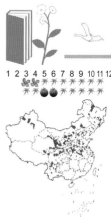

短腺小米草 玄参科 小米草属

Euphrasia regelii

Regel Eyebright | duǎnxiànxiǎomǐcǎo

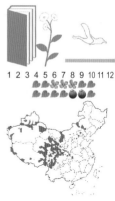

茎直立，高3～35厘米，不分枝或分枝，被白色柔毛；叶和苞叶无柄①③，下部作楔状卵形，顶端钝，每边有2～3枚钝齿，中部叶稍大，卵形至卵圆形，基部宽楔形；被刚毛和顶端为头状的短腺毛；花序通常在花期短，果期伸长；花萼管状，与叶被同类毛，裂片披针状渐尖至钻状渐尖；花冠白色①②③，上唇常带紫色①②③，外面多少被白色柔毛，背部最密，下唇比上唇长，裂片顶端明显凹缺①②③；蒴果长矩圆状。

生于阴坡草地、灌丛中。

短腺小米草叶卵形至卵圆形，花冠白色或淡紫色，唇形，蒴果。

短筒兔耳草 玄参科 兔耳草属

Lagotis brevituba

Shorttube Lagotis | duǎntǒngtùěrcǎo

多年生矮小草本；茎1～2(或3)条，直立或蜿蜒状上升②③；基生叶4～7片②③；叶片卵形至卵状矩圆形②③，质地较厚，顶端钝或圆形，边缘有深浅多变的圆齿②③；茎生叶多数，生于花序附近，有短柄或近于无柄③；穗状花序头状至矩圆形①②，花稠密①②，结果时果序伸长，为茎长的一半或更长③；花萼佛焰苞状，后方开裂1/4～1/3；花冠浅蓝色或白色带紫色①②，花冠筒伸直，与唇部近等长或稍短，上唇倒卵形至矩圆形①②，下唇较上唇稍长，2裂①②，裂片条状披针形①②；雄蕊2枚；核果长卵形。

生于高山草地及多沙砾的坡地。

短筒兔耳草直立或蜿蜒状上升，叶片卵形至卵状矩圆形，穗状花序，花唇形，下唇2裂，雄蕊2枚。

白花甘肃马先蒿　玄参科 马先蒿属

Pedicularis kansuensis f. *albiflora*

White Gansu Woodbetony ｜ báihuāgānsùmǎxiānhāo

一年生或两年生草本；叶基出者常长久宿存，茎叶4枚轮生①；叶片长圆形，羽状全裂①，裂片羽状深裂①；花轮极多而均疏距①②，多者达20余轮，仅顶端者较密①②；花萼前方不裂，膜质，主脉明显，有5齿；花冠白色①②，花冠管在基部以上向前膝曲，下唇长于盔，裂片圆形，中裂较小，盔多少镰状弓曲，额高凸，常有具波状齿的鸡冠状凸起；花丝1对有毛；柱头略伸出；蒴果斜卵形，略自萼中伸出，长锐尖头。

生于林缘、山坡草地。

白花甘肃马先蒿叶4枚轮生，羽状全裂，花唇形，白色，花丝1对有毛，蒴果。

鳞茎堇菜　堇菜科 堇菜属

Viola bulbosa

Bulbous Violet ｜ línjīngjǐncài

多年生低矮草本；根状茎细长，垂直，下部具1小鳞茎；叶簇集茎端①②；叶片长圆状卵形或近圆形②，先端圆或有时急尖，基部楔形或浅心形，边缘具明显的波状圆齿；托叶狭，大部分与叶柄合生，分离部分极短；花小，白色①②③；花梗自地上茎叶腋抽出①②；萼片卵形或长圆形，先端尖，基部附属物短而圆；花瓣倒卵形①②③，有紫堇色纹①②③；花柱基部稍膝曲，向上略增粗，头三角形，先端具明显的喙。

生于山谷、山坡草地。

鳞茎堇菜根状茎下部具1小鳞茎，叶片长圆状卵形或近圆形，边缘具明显的波状圆齿，花白色，花瓣倒卵形，有紫堇色条纹。

珠芽蓼　　蓼科 蓼属

Polygonum viviparum

Alpine Bistort ｜ zhūyáliǎo

多年生草本；茎直立①，不分枝；基生叶长圆形或卵状披针形，具长叶柄；茎生叶较小，披针形，近无柄；托叶鞘筒状，膜质；总状花序呈穗状①③，顶生，下部生珠芽①②③；花被5深裂，白色①③或淡红色；雄蕊8枚，花柱3枚。生于山坡林下、高山草甸。

相似种：圆穗蓼【*Polygonum macrophyllum*，蓼科 蓼属】多年生草本；茎不分枝，直立④；基生叶有长柄；叶矩圆形或披针形；茎生叶近无柄，较小，狭披针形或条形④；托叶鞘筒状，膜质；花序穗状④，顶生；白色④或淡红色；花被5深裂；雄蕊8枚；花柱3枚。生于山坡、草地、高山草甸。

珠芽蓼总状花序呈穗状，顶生，下部生珠芽；圆穗蓼花序穗状，下部无珠芽。

柔毛蓼　　蓼科 蓼属

Polygonum sparsipilosum

Solfhair Knotweed ｜ róumáoliǎo

一年生草本；茎纤细弱，高10～30厘米，上升或外倾，具纵棱，分枝，疏生柔毛或无毛；叶宽卵形②③，长1～1.5厘米，宽0.8～1厘米，顶端圆钝，基部宽楔形或近截形，纸质，两面疏生柔毛，边缘具缘毛；托叶鞘筒状，开裂，基部密生柔毛；花序头状①②③，顶生或腋生，苞片卵形，膜质，每苞内具1朵花；花梗短；花被4深裂，白色①②③，花被片宽椭圆形，长约2毫米，大小不相等；能育雄蕊2～5枚，花药黄色；花柱3枚，极短，柱头头状；瘦果卵形，具3棱，黄褐色。

生于山坡草地、山谷湿地。

柔毛蓼叶宽卵形，边缘具缘毛，花序头状，花被4深裂，白色，花柱3枚，瘦果。

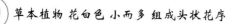
日本续断

川续断科 川续断属

Dipsacus japonicus

Japanese Teasel | rìběnxùduàn

多年生草本；高1米以上；茎中空，具4~6条棱，棱上具钩刺②；茎生叶对生，叶片椭圆状卵形至长椭圆形，常为3~5裂，顶端裂片最大②；头状花序顶生，圆球形①③；总苞片线形，具白色刺毛；小苞片倒卵形，两侧具长刺毛③；花萼4裂；花冠4裂，裂片不相等，花冠淡紫色①；雄蕊4枚，着生在花冠管上，稍伸出花冠外①；子房下位，包于囊状小总苞内；瘦果长圆状楔形。

生于沟边草丛、林边。

日本续断茎具4~6棱，茎生叶对生，顶端裂片最大，头状花序圆形，花冠淡紫色，瘦果。

乳白香青

菊科 香青属

Anaphalis bicolor var. *subconcolor*

Milkywhite Everlasting | rǔbáixiāngqīng

多年生草本；茎叶被白色或灰白色绵毛①②；茎生叶椭圆形至线状披针形①，基部沿茎下延成翅；头状花序多数①②；苞片上部乳白色①②，基部褐色。

生于山坡草地。

相似种：铃铃香青【*Anaphalis hancockii***，菊科香青属】**茎叶被蛛丝状毛及具柄头状腺毛；中上部叶直立③，贴附于茎上③，顶端常有枯焦的膜质长尖头③；头状花序少数③；总苞片外层红褐色或黑褐色，内层上部白色③。生于山坡草地。

珠光香青【*Anaphalis margaritacea***，菊科 香青属】**中部叶线形或线状披针形④⑤，不下延④⑤，稍革质；头状花序多数④⑤；总苞片基部多少褐色，上部白色④⑤。生于河滩、山坡灌丛。

乳白香青叶被灰白色密绵毛，叶基下延成翅，花序多数；铃铃香青叶被蛛丝毛，叶基下延成翅，花序少数；珠光香青叶稍革质，不沿茎下延成翅。

细果角茴香 节裂角茴香 罂粟科 角茴香属

Hypecoum leptocarpum

Thin Hornfennel | xìguǒjiǎohuíxiāng

一年生草本；茎丛生，铺散而先端向上①②，多分枝；基生叶蓝绿色，叶二回羽状全裂①②，裂片4~9对，近无柄，羽状深裂；茎生叶同基生叶，但较小，具短柄或近无柄；花小，排列成二歧聚伞花序，每花具数枚刚毛状小苞片；花瓣淡紫色③，外面2枚宽倒卵形③，里面2枚较小③，3裂几达基部，中裂片极全缘，侧裂片较长；雄蕊4枚，与花瓣对生，花药黄色；子房圆柱形，柱头2裂；蒴果直立④，圆柱形④，成熟时在关节处分离成数小节，每节具1粒种子。

生于草地、山谷、河滩、砾石坡。

细果角茴香茎丛生，铺散而先端向上，叶二回羽状全裂，花瓣淡紫色，花瓣4枚，2大2小，雄蕊4枚，蒴果圆柱形。

1 2 3 4 5 6 7 8 9 10 11 12

紫花碎米荠 十字花科 碎米荠属

Cardamine purpurascens

Tangut Bittercress | zǐhuāsuìmǐjì

多年生草本；高20~40厘米；根状茎细长；茎下部通常无叶，上部有3~6片叶；茎生叶为羽状复叶①②，长6~10厘米，小叶3~5对①②，小叶片矩圆状披针形①②，边缘有锯齿①②；总状花序顶生①②，开花时近伞房状，有花12~15朵；花红紫色①②③，长1厘米；长角果直立，条形，长3.5~4.5厘米；种子卵形或近圆形，光亮，绿褐色。

生于高山草地及林下阴湿处。

紫花碎米荠叶为羽状复叶，小叶3~5对，总状花序顶生，十字形花冠，花红紫色，长角果。

1 2 3 4 5 6 7 8 9 10 11 12

涩芥 马康草　十字花科 涩芥属

Malcolmia africana

Africa Malcolmia ｜ sèjiè

　　二年生草本，高8～35厘米，密生单毛或叉状硬毛；茎直立或近直立①②，多分枝，有棱角；叶长圆形、倒披针形或近椭圆形①②，顶端圆形，有小短尖，基部楔形，边缘有波状齿或全缘；总状花序有10～30朵花①②④，疏松排列，果期长达20厘米；萼片长圆形，长4～5毫米；十字形花冠③，花瓣紫色或粉红色①②③④，长8～10毫米；雄蕊6枚；柱头圆锥状；长角果圆柱形①②④，长3.5～7厘米，宽1～2毫米，近4棱，倾斜、直立或稍弯曲，密生短或长分叉毛④，或二者间生，或具刚毛，少数几无毛或完全无毛。

　　生于路边荒地或田间。

　　涩芥密生单毛或叉状硬毛，总状花序，十字形花冠，紫色或粉红色，长角果圆柱形。

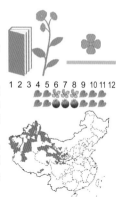

1 2 3 4 5 6 7 8 9 10 11 12

沼生柳叶菜 柳叶菜科 柳叶菜属

Epilobium palustre

Marsh Willowherb ｜ zhǎoshēngliǔyècài

　　多年生草本；茎下部叶对生，上部互生，条状披针形至近条形①，全缘，下面脉上与边缘疏生曲柔毛或近无毛，近无柄；花序花前直立或稍下垂①，密被曲柔毛，有时混生腺毛；花近直立②③，粉红色①②③；花萼裂片4枚，密被曲柔毛与腺毛；花瓣4枚②④，顶端凹缺④；雄蕊8枚，4长4短；柱头棍棒状至近圆柱状，长1～1.8毫米，径0.4～0.7毫米，开花时稍伸出外轮花药；密被曲柔毛与稀疏的腺毛；蒴果圆柱形①②③；种子近倒披针形，顶端有1簇白色种缨。

　　生于沼泽、河谷、溪沟旁。

　　沼生柳叶菜叶条状披针形至近条形，花近直立，花瓣4枚，粉红色，蒴果圆柱形。

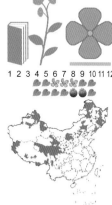

1 2 3 4 5 6 7 8 9 10 11 12

柳兰　铁筷子　柳叶菜科 柳兰属

Chamerion angustifolium

Great Willowherb ｜ liǔlán

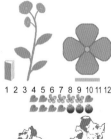

　　多年生草本，高约1米；叶互生，披针形①，长7～15厘米，边缘有细锯齿，两面被微柔毛，具短柄；总状花序顶生①③④；苞片条形①，长1～2厘米；花大，两性，红紫色①②③④；花瓣4枚②，倒卵形②，长约1.5厘米，顶端钝圆，基部具短爪；雄蕊8枚②，向一侧弯曲；柱头白色②，4深裂②，裂片长圆状披针形，上面密生小乳突②；蒴果圆柱形④，长7～10厘米；种子多数，顶端具1簇长约1～1.5厘米白色种缨。

　　生于草坡灌丛、高山草甸、河滩。

　　柳兰叶互生，披针形，总状花序，花瓣4枚，红紫色，蒴果圆柱形。

椭圆叶花锚　龙胆科 花锚属

Halenia elliptica

Ellipticleaf Spurgentian ｜ tuǒyuányèhuāmáo

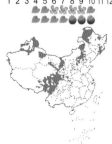

　　一年生草本，高20～50厘米；茎直立，分枝，四棱形；叶对生③，卵形至椭圆形③，长1.5～8厘米，无柄；下部叶匙形，具柄；花序为顶生伞形或腋生聚伞花序①；花蓝色①②；花萼4深裂②，裂片卵状椭圆形；花冠4深裂，裂片椭圆形，顶端具尖头，基部具一平展之距②，较花冠长；雄蕊4枚，花丝生于花冠筒基部；子房卵形，花柱缺，柱头2裂，裂片直立；种子小，卵圆形。

　　生于林下或草原。

　　椭圆叶花锚茎四棱形，叶对生，花冠4深裂，花冠裂片基部具一平展之距。

湿生扁蕾　龙胆科 扁蕾属

Gentianopsis paludosa

Swampy Gentianopsis | shī shēng biǎn lěi

二年生或多年生草本，高3.5～40厘米；茎单生，直立或斜升③，在基部分枝或不分枝；叶对生，茎上部的叶椭圆状披针形，几无柄；花单生枝端，蓝色①②③；花萼圆筒状钟形，长为花冠之半，背脊具4条龙骨状凸起③，顶端4裂，裂片等长①③，内对较宽；花冠圆筒状钟形，顶端4裂①②③，裂片椭圆形，边缘具微齿，基部边缘具流苏状毛①②；雄蕊4枚；子房具柄，柱头2裂；蒴果圆柱形，具柄；种子具指状凸起。

生于河滩、山坡草地、林下。

湿生扁蕾叶对生，花瓣4裂，花萼裂片2对，近等长，内对较宽。

北水苦荬　仙桃草 玄参科 婆婆纳属

Veronica anagallis-aquatica

Water Speedwell | běi shuǐ kǔ mǎi

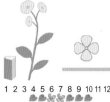

多年生草本，通常全体无毛；茎直立或基部倾斜，不分枝或分枝①③；叶无柄，对生①②③，上部半抱茎，多为椭圆形或长卵形①②③，少为卵状矩圆形，全缘或有疏而小的锯齿；花序比叶长，多花；花梗与苞片近等长，上升，与花序轴成锐角，果期弯曲向上，使蒴果靠近花序轴；花萼裂片卵状披针形，果期直立或叉开，不紧贴蒴果；花瓣4枚②③，花冠浅蓝色、浅紫色或白色②③，裂片宽卵形，前方1枚最窄②；雄蕊短于花冠；蒴果近圆形②，顶端圆钝而微凹。

生于水边、沼地。

北水苦荬叶对生，无柄，花瓣4枚，花冠浅紫色，蒴果近圆形。

两裂婆婆纳　二裂婆婆纳　玄参科 婆婆纳属

Veronica biloba

Bilobed Speedwell ｜ liǎnglièpópónà

一年生草本；叶对生，具短柄，宽披针形①；总状花序①；花萼4裂②③，前后裂到底，两侧裂达3/4②③；花瓣4枚①，前方1枚最窄，花冠白色、紫色或蓝色①，后方裂片圆形，其余3枚卵圆形；蒴果短于花萼②③，被腺毛③，几乎裂达基部而成两个分果。

生于荒地、草原和山坡。

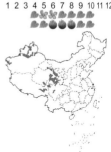

相似种：阿拉伯婆婆纳【Veronica persica，玄参科 婆婆纳属**】**铺散多分枝草本；叶具短柄，卵形或圆形⑤，边缘具钝齿⑤；苞片互生，与叶同形且几乎等大；花萼果期增大；花瓣4枚④⑤，前方1枚最窄，花冠蓝色、紫色或蓝紫色④⑤；雄蕊2枚④，短于花冠④；蒴果肾形，被腺毛，成熟后几乎无毛，凹口角度超过90度。生于荒野杂草中。

两裂婆婆纳叶宽披针形，苞片比叶小；阿拉伯婆婆纳叶卵圆形，苞片与茎叶同型且大小一致。

长果婆婆纳　玄参科 婆婆纳属

Veronica ciliata

Longfruit Speedwell ｜ chángguǒpópónà

多年生草本；茎丛生，上升；叶无柄或下部有极短的柄①，叶对生①，卵形至卵状披针形①，全缘或中段有尖锯齿或整个边缘具尖锯齿，两面被柔毛或几乎变无毛；总状花序1~4枝，侧生于茎顶端叶腋，短而花密集①，几乎成头，少伸长的，除花冠外各部分被多细胞长柔毛或长硬毛②；花萼裂片条状披针形，果期稍伸；花瓣4枚②，前方1枚最窄②，花冠蓝色或蓝紫色②，内面无毛，裂片倒卵圆形至长矩圆形；雄蕊2枚②，花丝大部分游离；蒴果卵状锥形③，顶端钝而微凹，几乎遍布长硬毛③。

生于高山草地。

长果婆婆纳叶对生，总状花序密集几乎成头状，花瓣4枚，前方1枚最窄，花冠蓝色或蓝紫色，雄蕊2枚，蒴果卵状锥形。

唐古拉婆婆纳

玄参科 婆婆纳属

Veronica vandellioides

Tangla Speedwell | tánggǔlāpópónà

多年生草本；茎多枝丛生①，极少单生，上升或多少蔓生；叶近无柄至有长达1厘米的叶柄，叶卵圆形①③，基部心形或平截形，顶端钝，每边具2~5个圆齿①③；总状花序多枝，侧生于茎上部叶腋或几乎所有叶腋，退化为只具单花或两朵花，在仅具单花情况下，轴的中部有苞片(看起来像小苞片)；花梗纤细；花萼裂片长椭圆形③，花期长约3毫米，果期长4~6毫米；花瓣4枚①②，花冠浅蓝色、粉红色或白色①②，略比萼长，裂片圆形至卵形；雄蕊2枚②，略短于花冠②；蒴果近于倒心状肾形③。

生于林下及草丛。

唐古拉婆婆纳茎多枝丛生，极少单生，叶卵圆形，花瓣4枚，花冠浅蓝色、粉红色或白色，蒴果近于倒心状肾形。

麦瓶草

米瓦罐 石竹科 蝇子草属

Silene conoidea

Weed Silene | màipíngcǎo

一年生草本，全株被短腺毛；茎单生，直立①，不分枝；基生叶片匙形，茎生叶叶片长圆形或披针形①，两面被短柔毛，边缘具缘毛，中脉明显；二歧聚伞花序具数花；花直立；花萼圆锥形①②，绿色，基部脐形，果期膨大，下部宽卵状，纵脉30条，沿脉被短腺毛，萼齿狭披针形②，长为花萼1/3或更长，边缘下部狭膜质，具缘毛；花瓣5枚①，淡红色①②，爪不露出花萼，狭披针形，无毛，耳三角形，瓣片倒卵形，全缘或微凹缺①，有时微啮蚀状；副花冠片狭披针形，白色①，顶端具数浅齿；花柱微外露；蒴果梨状。

生于麦田中或荒地草坡。

麦瓶草全株被短腺毛，叶对生，二歧聚伞花序，花萼圆锥形，花瓣5枚，淡红色，副花冠白色，蒴果。

隐瓣蝇子草　无瓣女娄菜　石竹科 蝇子草属

Silene gonosperma

Hiddenpetal Catchfly　｜　yǐnbànyíngzǐcǎo

1 2 3 4 5 6 7 8 9 10 11 12

　　多年生草本；茎疏丛生或单生①，直立，不分枝，密被短柔毛，上部被腺毛和黏液；基生叶叶片线状倒披针形①；茎生叶1~3对，无柄，叶片披针形④；花单生①②③，稀2~3朵，俯垂，花梗密被腺柔毛；苞片线状披针形②③，具稀疏缘毛；花萼狭钟形①②③，基部圆形，被柔毛和腺毛，纵脉暗紫色②，脉端不连合②，萼齿三角形，顶端钝，边缘膜质；花瓣5枚，暗紫色①③，内藏，稀微露出花萼①，瓣片凹缺或浅2裂，副花冠片缺或不明显；雄蕊内藏；蒴果椭圆状卵形。

　　生于高山草甸。

　　隐瓣蝇子草叶对生，花单生，花萼狭钟形，纵脉暗紫色，花瓣5枚，暗紫色，内藏，稀微露出花萼，蒴果。

瞿麦　石竹科 石竹属

Dianthus superbus

Fringed Pink　｜　qúmài

1 2 3 4 5 6 7 8 9 10 11 12

　　多年生草本，高50~60厘米；茎丛生，直立，绿色，无毛，上部分枝；叶条形至条状披针形，顶端渐尖，全缘；花单生或成对生枝端；萼筒粉绿色或常带淡紫红色晕①；花瓣5枚①，粉紫色①，顶端深裂成细线条①，基部成爪，有须毛①；雄蕊和花柱微外露，雄蕊10枚；花柱2枚，丝形；蒴果长筒形，和宿存萼等长，顶端4齿裂；种子扁卵圆形，边缘有宽于种子的翅。

　　生于林下、林缘、草甸、沟谷溪边。

　　瞿麦叶对生，条形至条状披针形，花瓣5枚，粉紫色，顶端深裂成细线条，雄蕊10枚，蒴果。

无距耧斗菜
毛茛科 耧斗菜属

Aquilegia ecalcarata

Spurless Columbine | wú jù lóu dǒu cài

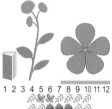

多年生草本；基生叶长达25厘米，为二回三出复叶①；小叶倒卵形、扇形或卵形，3裂；茎生叶1~3枚，较小；花序具2~6朵花①；萼片5枚②，深紫色②，卵形或椭圆形；花瓣与萼片同色①②，顶端截形①②，无距②；雄蕊多数；退化雄蕊狭披针形；蓇葖果③。

生于林下、路旁。

相似种：甘肃耧斗菜【*Aquilegia oxysepala* var. *kansuensis*，毛茛科 耧斗菜属】茎生叶数枚，具短柄，向上渐变小；花3~5朵，萼片紫色⑤，稍开展，狭卵形；花瓣黄白色⑤，顶端近截形⑤；距末端强烈内弯呈钩状⑤；雄蕊与瓣片近等长，花药黑色；蓇葖果④。生于林边、草地。

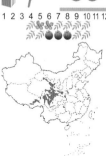

无距耧斗菜花瓣无距，甘肃耧斗菜花瓣有距。

乳突拟耧斗菜
毛茛科 拟耧斗菜属

Paraquilegia anemonoides

Anemonelike Paraquilegia | rǔ tū nǐ lóu dǒu cài

多年生草本；叶为一回三出复叶②，无毛；叶片轮廓三角形，宽1~2厘米，小叶近肾形，长约7毫米；花莛1至数条，比叶高①；花直径2厘米或更大，萼片5枚①③，花瓣状①③，浅蓝色或浅堇色①③，宽椭圆形至倒卵形，顶端钝；花瓣小，倒卵形，顶端微凹；心皮通常5枚，无毛；蓇葖果直立④；种子少数，长椭圆形至椭圆形，灰褐色，表面密被乳突状的小疣状凸起。

生于山地岩石缝。

乳突拟耧斗菜叶一回三出复叶，花萼5枚，花瓣状，花瓣小，蓇葖果。

大火草　野棉花　毛茛科　银莲花属

Anemone tomentosa

Tomentose Windflower ｜ dàhuǒcǎo

多年生草本，植株高40～150厘米；基生叶3～4片，三出复叶①②；小叶片卵形至三角状卵形①②，顶端急尖，基部浅心形、心形或圆形，3浅裂至3深裂①②，边缘有不规则小裂片和锯齿，表面有糙伏毛；花莛粗3～9毫米，聚伞花序①②，二至三回分枝；苞片3枚，与基生叶相似；花萼5枚①②③，花冠状，淡粉红色或白色①②③，倒卵形、宽倒卵形或宽椭圆形，背面有短茸毛；花瓣无；雄蕊多数②③，子房密被茸毛，柱头斜，无毛；聚合果球形；瘦果有细柄，密被绵毛。

生于山地草坡、路边。

大火草三出复叶，花萼5枚，花冠状，淡粉红色，聚合果球形。

小丛红景天　凤尾七　香景天　景天科 红景天属

Rhodiola dumulosa

Shrubberry Rhodiola ｜ xiǎocónghóngjǐngtiān

多年生草本①；地上部分常有残存的老枝；一年生花茎聚生在主轴顶端，长10～24厘米；叶互生，条形至宽条形①②，长7～10毫米，顶端急尖，基部无柄，全缘；花序顶生①②③；花两性，雌雄异株；萼片5枚，条状披针形，宽不及1毫米，顶端渐尖，基部最宽；花瓣5枚，白色或淡红色②③，披针状矩圆形，直立，长8～11毫米，顶端渐尖，有短尖头；雄蕊10枚，较花瓣为短，花药干后棕紫色；心皮5枚，卵状矩圆形；蓇葖果有种子少数。

生于高山流石滩上。

小丛红景天叶互生，条形至宽条形，花序顶生，花瓣5枚，淡红色，蓇葖果。

瓦松

景天科 瓦松属

Orostachys fimbriata

Fimbriate Dunce Cap | wǎsōng

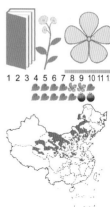

二年生草本；一年生莲座丛的叶短；莲座叶线形，先端增大，为白色软骨质，半圆形，有齿；二年生花茎一般高10～20厘米，小的只长5厘米，高的有时达40厘米；叶互生①②③，疏生，有刺，线形至披针形；花序总状①②，紧密，或下部分枝，可呈宽20厘米的金字塔形；苞片线状渐尖；萼片5枚，长圆形；花瓣5枚，粉红色①②③④，披针状椭圆形，先端渐尖；雄蕊10枚，与花瓣同长或稍短，花药紫色④；鳞片5片，近四方形，先端稍凹；蓇葖5粒，长圆形，喙细；种子多数，卵形，细小。

生于山坡石上或屋瓦上。

瓦松二年生肉质草本，叶互生，花序总状，紧密，花瓣5枚，粉红色，蓇葖果。

鼠掌老鹳草

牻牛儿苗科 老鹳草属

Geranium sibiricum

Siberian Geranium | shǔzhǎnglǎoguàncǎo

一年生或多年生草本；茎仰卧或近直立①，多分枝；叶对生，叶肾状五角形①，茎生叶通常5深裂①；总花梗单生于叶腋，具1朵花或偶具2朵花；花瓣淡紫色或白色(②左)；雄蕊10枚(②左)；成熟后花柱伸长，蒴果5个果瓣与中轴分离(②右)，沿主轴从基部向上端反卷开裂(②右)。

生于林缘、灌丛、河谷草甸。

相似种：牻牛儿苗【*Erodium stephanianum*，牻牛儿苗科 牻牛儿苗属】一年生草本；平铺地面或稍斜升③；茎多分枝；叶对生，二回羽状深裂③；羽片5～9对；伞形花序腋生，通常有2～5朵花；萼片先端有长芒④；花瓣5枚③④，紫蓝色③④；雄蕊10枚，外轮5枚，无花药；蒴果顶端有长喙⑤，成熟时5个果瓣与中轴分离。生境同上。

鼠掌老鹳草基生叶通常5深裂，雄蕊10枚；牻牛儿苗叶二回羽状分裂，雄蕊10枚，外轮5枚，无花药。

毛蕊老鹳草

牻牛儿苗科 老鹳草属

Geranium platyanthum

Broadflower Cranebill | máoruǐ lǎoguàncǎo

多年生草本；茎直立，单一，假二叉状分枝或不分枝，被开展的长糙毛和腺毛或下部无明显腺毛；叶互生，肾状五角形④，掌状5中裂或略深④，裂片菱状卵形，边缘有羽状缺als或粗齿④；基生叶有长柄，茎生叶的柄短，顶部无柄；聚伞花序顶生①②，总花梗具2~4朵花①②；花梗与总花梗相似，长为花的1.5~2倍，稍下弯，果期劲直；花瓣紫蓝色①②③，具深紫色脉纹③；雄蕊10枚，花丝淡紫色③，下部扩展和边缘被糙毛，花药紫红色；雌蕊稍短于雄蕊，被糙毛，花柱上部紫红色；蒴果带喙①，被开展的短糙毛和腺毛。

生于林缘草地、草甸。

毛蕊老鹳草叶肾状五角形，掌状5裂，花瓣5枚，紫蓝色，雄蕊10枚，蒴果带喙。

草地老鹳草

牻牛儿苗科 老鹳草属

Geranium pratense

Lea Cranebill | cǎodì lǎoguàncǎo

多年生草本；茎直立（②左），略有白柔毛，向上分枝，枝上有开展的密腺毛；叶对生，肾状圆形，5深裂达离基部不远处（②左）；裂片倒卵状楔形，上部深羽裂或羽状缺刻；基生叶和下部茎生叶有长柄，3~4倍于叶片；聚伞花序生于小枝顶端（②左）；花柄长1~3厘米，在果期向下弯（②右）；萼片有腺毛；花瓣蓝紫色①②，长过萼片1.5倍；蒴果（②右）。

生于草原林缘。

相似种：甘青老鹳草【*Geranium pylzowianum*，牻牛儿苗科 老鹳草属】叶互生，肾状圆形，5深裂达基部⑤，小裂片短条形，全缘；花序腋生，顶生2朵花或4朵花④；花瓣紫红色③④，倒卵状圆形。生境同上。

草地老鹳草叶对生，花蓝紫色；甘青老鹳草叶互生，花紫红色。

宿根亚麻　亚麻科 亚麻属

Linum perenne

Blue Flax │ sùgēnyàmá

多年生草本；叶互生，叶片狭条形或条状披针形②；聚伞花序，花蓝色①②；萼片5枚；花瓣5枚①②；雄蕊5枚①，退化雄蕊5枚；花柱5枚①；蒴果近球形②。

生于干草原、干山地灌丛。

相似种：垂果亚麻【*Linum nutans*，亚麻科 亚麻属】茎生叶狭条形或条状披针形③④；花紫蓝色③，直立或稍偏向一侧弯曲；萼片5枚；花瓣5枚③；雄蕊5枚③，退化雄蕊5枚；花柱5枚，分离；蒴果近球形④。生境同上。

亚麻【*Linum usitatissimum*，亚麻科 亚麻属】一年生草本；叶互生⑤；叶线状披针形或披针形⑤，花单生于枝顶或枝的上部叶腋⑤；花瓣蓝色⑤；雄蕊5枚，退化雄蕊5枚；花柱5枚；蒴果球形⑤，顶端具喙。栽培。

宿根亚麻花柱比雄蕊长；垂果亚麻花柱与雄蕊等长；亚麻为栽培植物，花柱与雄蕊等长，蒴果顶端具喙。

野葵　葵菜　锦葵科 锦葵属

Malva verticillata

Cluster Mallow │ yěkuí

二年生草本；叶肾形或圆形②，通常为掌状5~7裂②，边缘具钝齿②；花3至多朵簇生于叶腋①；小苞片3枚，线状披针形；花萼杯状①，5裂；花冠长稍微超过萼片，淡白色至淡红色①，花瓣5枚①，先端凹入①；花柱分枝10~11条；果扁球形；分果爿10~11枚。

生于平原旷野、村落附近、路旁。

相似种：锦葵【*Malva cathayensis*，锦葵科 锦葵属】二年生或多年生直立草本；叶圆心形或肾形，具5~7个圆齿状钝裂片，边缘具圆锯齿；花3~11朵簇生③；小苞片3枚，长圆形；花萼5裂；花紫红色③④，花瓣5枚③④，匙形，先端微缺③；花柱分枝9~11条④；果扁圆形，分果爿9~11枚。栽培。

野葵花小，直径约0.5厘米；锦葵花大，直径有3~4厘米。

狼毒　瑞香科 狼毒属

Stellera chamaejasme

Chinese Stellera ｜ lángdú

多年生草本；根圆柱状，肉质，常分枝，长20～30厘米；茎单一不分枝；叶互生③，茎下部鳞片状，呈卵状长圆形，长1～2毫米；茎生叶长圆形①③，长4～6.5厘米；无叶柄；头状花序顶生①②③，花被筒高脚碟状，里面白色，外面紫红色①②③，先端5裂①②③，裂片卵形；雄花多枚，雄蕊10枚，2轮；雌花1枚，花柱3枚，中部以下合生；柱头不分裂，中部微凹，蒴果卵球状；种子扁球状，灰褐色。

生于草原、干燥丘陵坡地、多石砾山坡。

狼毒茎丛生，叶互生，叶长圆形，头状花序，花被筒高脚碟状，里面白色，外面紫红色。

葛缕子　伞形科 葛缕子属

Carum carvi

Caraway ｜ gělǔzǐ

多年生草本；茎通常单生；基生叶及茎下部叶的叶柄与叶片近等长，叶片轮廓长圆状披针形，二至三回羽状分裂，末回裂片线形或线状披针形，无柄或有短柄；无总苞片，稀1～3枚，线形③；茎中上部叶与基生叶同形，较小；伞辐5～10条①②③，极不等长③；无小总苞或偶有1～3枚，线形；小伞形花序有花5～15朵①②，花杂性，花瓣白色或带淡红色①②，花柄不等长，果实长卵形③，成熟后黄褐色，果棱明显。

生于河滩草丛中、林下、高山草甸。

葛缕子叶二至三回羽状分裂，末回裂片线形或线状披针形，伞辐5～10条，极不等长，花白色或带淡红色。

甘青报春
报春花科 报春花属

Primula tangutica

Tangut Primrose | gānqīngbàochūn

多年生草本；叶丛生③，无叶柄，矩圆形或长倒卵状椭圆形③，先端钝圆或稍锐尖，基部渐狭窄，边缘具小齿③；花莛稍粗壮；伞形花序1～3轮①，每轮5～9朵花；花萼钟状；苞片线状披针形；花萼筒状，裂片三角形或披针形；花冠酱紫色①②，筒状狭钟形，裂片条状披针形①②；长花柱花：冠筒与花萼近等长，雄蕊着生处距冠筒基部约2.5毫米，花柱长约6毫米；短花柱花：冠筒长于花萼约0.5倍，雄蕊着生处与花萼等高，花柱长约2毫米；蒴果筒状。

生于高山草原、近水沼泽地带。

甘青报春叶丛生，伞形花序1～3轮，花冠酱紫色，蒴果。

天山报春
报春花科 报春花属

Primula nutans

Tianshan Primrose | tiānshānbàochūn

多年生草本；叶片卵形、矩圆形或近圆形；伞形花序2～6(或10)朵花①；花冠淡紫红色①，先端2深裂①，冠筒口周围黄色①，喉部具环状附属物①；蒴果筒状。

生于湿草甸。

相似种：狭萼报春【*Primula stenocalyx*，报春花科 报春花属】叶片倒卵形，倒披针形或匙形②；伞形花序4～16朵花②；花冠紫红色或蓝紫色②，先端2深裂②；蒴果长圆形。生于草地、林下、沟边。

紫罗兰报春【*Primula purdomii*，报春花科 报春花属】叶片披针形、矩圆状披针形或倒披针形③；伞形花序1轮③，具8～12(或18)朵花；花冠蓝紫色③，全缘③；蒴果筒状。生境同上。

天山报春花冠裂片先端2深裂，喉部有附属物；狭萼报春花冠先端2深裂，喉部无附属物；紫罗兰报春花冠裂片全缘。

西藏点地梅　报春花科 点地梅属

Androsace mariae

Xizang Rockjasmine　│ xīzàngdiǎndìméi

1 2 3 4 5 6 7 8 9 10 11 12

　　多年生草本；莲座状丛生①③，叶二型，外层叶舌形或匙形，内层叶匙形至倒卵形椭圆形；花莛单一①；伞形花序2~7(或10)朵花①；花萼钟状，分裂达中部，裂片卵状三角形；花冠粉红色①②，裂片楔状倒卵形②，先端略呈波状；蒴果稍长于宿存花萼。

　　生于山坡草地、林缘和沙石地。

　　相似种：大苞点地梅【*Androsace maxima***，报春花科 点地梅属】**一年生草本；莲座状叶丛生④；叶片狭倒卵形、椭圆形或倒披针形，无明显叶柄；花莛2~4条自叶丛中抽出④；伞形花序多花④；花冠白色或淡粉红色④，裂片5枚④，筒部长约为花萼的2/3，喉部常收缩成环状凸起；蒴果近球形。生于山谷草地、山坡砾石地。

1 2 3 4 5 6 7 8 9 10 11 12

　　西藏点地梅花莛单一；大苞点地梅花莛2~4条。

刺芒龙胆　尖叶龙胆　龙胆科 龙胆属

Gentiana aristata

Aristate Gentian　│ cìmánglóngdǎn

1 2 3 4 5 6 7 8 9 10 11 12

　　一年生草本；茎在基部多分枝①；茎生叶对折，线状披针形(②右)，边缘膜质；花单生于小枝顶端①②；花萼裂片线状披针形(②右)，边缘膜质；花冠下部黄绿色(②右)，上部蓝色、深蓝色或紫红色①②，喉部具蓝灰色宽条纹①②，褶先端截形，不整齐短条裂状①②；蒴果。

　　生于高山草甸。

　　相似种：鳞叶龙胆【*Gentiana squarrosa***，龙胆科 龙胆属】**一年生草本；茎自基部起多分枝③；茎生叶外翻③⑤，倒卵状匙形或匙形③⑤，边缘厚软骨质；花单生于小枝顶端③⑤；花萼裂片外反⑤，绿色，叶状③⑤；花冠蓝色③④⑤，褶先端钝，全缘或边缘有细齿③④⑤；蒴果。生于河滩、路边、灌丛、高山草甸。

1 2 3 4 5 6 7 8 9 10 11 12

　　刺芒龙胆叶线状披针形，边缘膜质，褶先端不整齐短条裂状；鳞叶龙胆叶倒卵状匙形或匙形，边缘厚软骨质，外翻，褶先端全缘或边缘有细齿。

草本植物 花紫色 辐射对称 花瓣五

线叶龙胆　龙胆科 龙胆属

Gentiana lawrencei var. *farreri*

Linearleaf Gentian ｜ xiànyèlóngdǎn

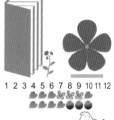

1 2 3 4 5 6 7 8 9 10 11 12

多年生草本；花枝多数丛生，铺散，斜升；莲座丛叶极不发达，披针形；茎生叶中上部线形①；花单生枝顶①，基部包围于上部茎生叶丛中；花萼长为花冠之半①，萼筒紫色或黄绿色①，裂片与上部叶同形①，花冠上部亮蓝色①，下部黄绿色①，具蓝色条纹①，无斑点；裂片卵状三角形，全缘，褶宽卵形，先端钝，边缘啮蚀形；雄蕊着生于冠筒中部；柱头2裂；蒴果。

生于高山草甸、灌丛中。

相似种：云雾龙胆【*Gentiana nubigena*，龙胆科龙胆属】叶大部分基生，茎生叶狭椭圆形②，花顶生②；花冠上部蓝色②或黄色，下部黄白色②，具深蓝色条纹。生于沼泽草甸、高山灌丛、流石滩。

线叶龙胆茎生叶线形；云雾龙胆茎生叶狭椭圆形。

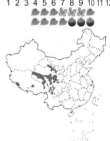

1 2 3 4 5 6 7 8 9 10 11 12

偏翅龙胆　龙胆科 龙胆属

Gentiana pudica

Slantwing Gentian ｜ piānchìlóngdǎn

一年生草本；茎在基部多分枝①；叶圆匙形或椭圆形①③，两面光滑；花单生于小枝顶端①③；花萼外面常带蓝紫色③；花冠上部深蓝色或蓝紫色①②③，下部黄绿色③，褶先端截形或钝，具不整齐细齿①②；雄蕊着生于冠筒中部；蒴果；种子一侧具翅。

生于山坡草地、高山草甸。

相似种：蓝白龙胆【*Gentiana leucomelaena*，龙胆科 龙胆属】茎在基部多分枝⑤；茎生叶小，椭圆形至椭圆状披针形；花单生于小枝顶端；花冠白色或淡蓝色④⑤，外面具蓝灰色宽条纹④，喉部具蓝色斑点④，褶先端截形，有条裂齿④⑤；雄蕊着生于冠筒下部；蒴果。生于草甸、沼泽地、山坡灌丛中。

偏翅龙胆褶先端具不整齐细齿，花冠外面无蓝灰色宽条纹；蓝白龙胆褶先端有条裂齿，花冠外面具蓝灰色宽条纹。

1 2 3 4 5 6 7 8 9 10 11 12

达乌里秦艽　达乌里龙胆　龙胆科 龙胆属

Gentiana dahurica

Dahur Gentian　│　dáwūlǐqínjiāo

　　多年生草本；高15～25厘米，基部为残叶纤维所包围；茎常斜生①；叶对生，披针形①；聚伞花序，顶生或腋生①；花萼筒状，裂片大小不等；花冠筒状钟形，深蓝色①②③，有时候喉部有黄色斑点②；雄蕊5枚③；子房长圆形③，花柱短；蒴果矩圆形。

　　生于路旁、山坡、干草原。

　　相似种：管花秦艽【*Gentiana siphonantha***，龙胆科 龙胆属】**莲座丛叶线形⑤，茎生叶与莲座丛叶相似而略小；花簇生茎成头状④⑤；花冠深蓝色④⑤，筒状钟形。生于干草原、草甸、灌丛。

　　达乌里秦艽聚伞花序疏松不成头状，有时花冠喉部有黄色斑点；管花秦艽聚伞花序成头状，花冠喉部无斑点。

二叶獐牙菜　龙胆科 獐牙菜属

Swertia bifolia

Twoleaved Swertia　│　èryèzhāngyácài

　　多年生草本；基生叶1～2对，具柄，叶片矩圆形或卵状矩圆形①；茎中部无叶；最上部叶常2～3对，无柄，卵形或卵状三角形；聚伞花序具2～8(或13)朵花①；花5数①②，花冠蓝色或深蓝色①②，具柔毛状流苏②；柱头2裂。

　　生于灌丛、沼泽草甸、林下。

　　相似种：抱茎獐牙菜【*Swertia franchetiana***，龙胆科 獐牙菜属】**一年生草本；茎四棱形；基生叶具长柄；茎生叶无柄；茎上部及枝上的叶较小，基部耳形，半抱茎，并向茎下延成窄翅；花5数③；花冠淡蓝色③，边缘具长柔毛状流苏③。生境同上。

　　二叶獐牙菜基生叶发达，茎中部无叶，花冠深蓝色；抱茎獐牙菜基生叶早落，有茎生叶，花冠淡蓝色。

辐状肋柱花　　龙胆科 肋柱花属

Lomatogonium rotatum

Marsh Felwort ｜ fúzhuànglèizhùhuā

一年生草本；叶对生，叶片狭披针形①，无柄；复总状聚伞花序，顶生或腋生①；花淡蓝色①②；花萼5枚①②，深裂，花萼裂片线形①②，与花冠近等长①②；花冠5深裂①②，裂片基部两侧各有1个腺窝；雄蕊5枚①②；子房圆柱形①②，花柱缺；蒴果椭圆形。

生于沟边、山坡草地、高山草甸。

相似种：肋柱花【*Lomatogonium carinthiacum*，龙胆科 肋柱花属】茎生叶无柄，披针形、椭圆形至卵状椭圆形；聚伞花序或花生分枝顶端③；花萼长为花冠的1/2（③左上），裂片卵状披针形或椭圆形（③左上）；花冠蓝色③，裂片基部两侧各有1个腺窝③；蒴果圆柱形。生境同上。

辐状肋柱花花萼裂片线形，与花冠近等长；肋柱花花萼裂片卵状披针形，长为花冠的1/2。

皱边喉毛花　　皱萼喉毛花　　龙胆科 喉毛花属

Comastoma polycladum

Wrinkleedge Throathair ｜ zhòubiānhóumáohuā

一年生草本；基生叶具短柄；茎生叶无柄，椭圆形或椭圆状披针形；聚伞花序顶生和腋生；花5数①；花萼深裂，边缘黑紫色②，外卷，皱波状②；花冠蓝色①，通常裂达中部，喉部具一圈白色副冠①，副花冠10束，流苏状条裂；柱头2裂；蒴果狭椭圆形或椭圆形。

生于山坡草地、林下、灌丛。

相似种：黑边假龙胆【*Gentianella azurea*，龙胆科 假龙胆属】聚伞花序顶生和腋生；花5数③；花萼深裂③，边缘及背面中脉明显黑色③；花冠蓝色③，近中裂；蒴果。生境同上。

皱边喉毛花花萼裂片皱波状，喉部具一圈白色副花冠；黑边假龙胆无此特征。

中华花荵　山波菜　花荵科 花荵属

Polemonium chinense

China Polemonium　｜　zhōnghuáhuārěn

多年生草本，高60～80厘米；茎单一，不分枝；叶为奇数羽状复叶③，小叶15～21片，矩圆形至披针形③，全缘，小叶无柄；花疏生，顶生圆锥花序①；花萼筒状，裂片披针状矩圆形，较萼筒稍长；花冠钟状，蓝色①②，裂片圆形，长为花冠筒2倍；雄蕊5枚①②，着生于花冠筒上部内，伸出①②，基部有须毛②；花柱1枚，柱头3裂②，远伸出花冠之外②；蒴果卵形，较宿存萼片稍短；种子三棱形，棕色。

生于草丛、河边、林下、路旁。

中华花荵叶互生，羽状复叶，花瓣5枚，钟形，蓝色，雄蕊5枚，花柱1枚。

银灰旋花　阿氏旋花　旋花科 旋花属

Convolvulus ammannii

Ammann Glorybind　｜　yínhuī xuánhuā

多年生草本；根状茎短，木质化，茎少数或多数，高2～10(或15)厘米，平卧或上升①②，枝和叶密被贴生稀半贴生银灰色绢毛；叶互生，线形或狭披针形①②③，无柄；花单生枝端①②③，具细花梗；萼片5枚，外萼片长圆形或长圆状椭圆形，内萼片较宽，椭圆形，密被贴生银色毛；花冠漏斗状①②③，淡玫瑰色或白色带紫色条纹①②③，有毛，5浅裂；雄蕊5枚，较花冠短一半；雌蕊无毛，较雄蕊稍长；子房2室，每室2胚珠；花柱2裂，柱头2枚，线形；蒴果球形，2裂；种子2～3枚，卵圆形，淡褐红色。

生于干旱山坡草地或路旁。

银灰旋花叶互生，线形或狭披针形，花冠漏斗状，淡玫瑰色或白色带紫色条纹。

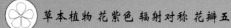

鹤虱 紫草科 鹤虱属

Lappula myosotis

Myosotis Stickseed ┃ hèshī

1 2 3 4 5 6 7 8 9 10 11 12

一年生或二年生草本；茎直立①，高30～60厘米，中部以上多分枝①②；基生叶长圆状匙形，全缘；茎生叶较短而狭，披针形或线形①②，无叶柄；花序在花期短，果期伸长；花萼5深裂，几达基部，裂片线形，果期增大呈狭披针形；花冠淡蓝色③，裂片5枚③，漏斗状至钟状，喉部附属物梯形③；小坚果卵状，背面通常有颗粒状疣突，边缘有2行近等长的锚状刺④，小坚果腹面通常具棘状凸起或有小疣状凸起。

生于草地、山坡。

鹤虱全体被糙伏毛，花冠淡蓝色，喉部有附属物，小坚果背部有锚状刺。

附地菜 紫草科 附地菜属

Trigonotis peduncularis

Pedunculate Trigonotis ┃ fùdìcài

1 2 3 4 5 6 7 8 9 10 11 12

一年生或二年生草本；基部多分枝，被短糙伏毛；基生叶有叶柄，叶片匙形，茎上部叶长圆形或椭圆形，无叶柄或具短柄；总状花序①，萼片5裂（①左上），裂片卵形；花冠淡蓝色或粉色①②，裂片平展，喉部附属物5个，白色或带黄色②；小坚果4枚（①左上），斜三棱锥状四面体形（①左上），有短毛或平滑无毛。

生于草地、林缘、荒地。

相似种：短蕊车前紫草【*Sinojohnstonia moupinensis***，紫草科 车前紫草属】**基生叶数个，卵状心形③，两面有糙伏毛和短伏毛；花萼5裂至基部；花冠白色或带紫色③，裂片倒卵形；雄蕊5枚，着生于花冠筒中部稍上，喉部附属物半圆形③；子房4裂；小坚果黑褐色。生于林下或阴湿岩石旁。

附地菜基生叶匙形；短蕊车前紫草叶卵状心形。

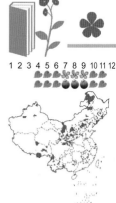

1 2 3 4 5 6 7 8 9 10 11 12

甘青微孔草　紫草科 微孔草属

Microula pseudotrichocarpa

Falsehaifruit Microula ｜ gānqīngwēikǒngcǎo

二年生草本；茎直立或渐升，自基部或中部以上分枝①；基生叶和茎下部叶有长柄，茎上部叶较小，无柄或近无柄①，狭椭圆形或狭长圆形①，两面有糙伏毛；花序腋生或顶生①；苞片披针形至狭椭圆形②；在花序之下有1朵无苞片的花，具长达5毫米的花梗；花萼两面被短伏毛，外面散生少数长硬毛③，5裂近基部，裂片线状三角形③；花冠蓝色①②，5裂①②，裂片宽倒卵形，附属物低梯形或半月形②；小坚果卵形③，有小瘤状凸起和极短的毛，背孔长圆形③，着生面位于腹面近中部处。

生于山坡草地、灌丛、林边、田边。

甘青微孔草花萼外面散生少数长硬毛，5裂，花冠蓝色，5裂，小坚果4枚，具长圆形背孔。

狭苞斑种草　紫草科 斑种草属

Bothriospermum kusnezowii

Kusnezow Spotseed ｜ xiábāobānzhǒngcǎo

一年生草本；茎被开展的硬毛及短伏毛①；茎生叶无柄，长圆形或线状倒披针形①；花萼果期增大，外面密生开展的硬毛及短硬毛①②；花冠淡蓝色①②，喉部有5个梯形附属物（②左），先端2浅裂（②左）；小坚果椭圆形（②右），密生疣状凸起（②右）。

生于山坡、干旱农田及山谷林缘。

相似种：狼紫草【*Anchusa ovata*，紫草科 狼紫草属】茎被稀疏长硬毛，叶倒披针形至线状长圆形③；花萼5裂至基部，有半贴伏的硬毛⑤，稍不等长⑤，果期增大；花冠蓝紫色③④，筒下部稍膝曲，喉部附属物疣状至鳞片状，密生短毛③④；小坚果表面有网状皱纹和小疣点⑤。生于河滩、田边。

狭苞斑种草花筒下部无膝曲，喉部附属物梯形，先端2浅裂，小坚果表面无网状皱纹；狼紫草花筒下部稍膝曲，附属物疣状至鳞片状，密生短毛，小坚果表面有网状皱纹。

糙草　紫草科 糙草属

Asperugo procumbens

Oriental ablfgromwell　|　cāocǎo

　　一年生蔓生草本①；茎细弱，攀缘，中空，沿棱有短倒钩刺，通常有分枝；下部茎生叶具叶柄，叶片匙形或狭长圆形，全缘或有明显的小齿，两面疏生短糙毛；中部以上茎生叶无柄①，渐小并近于对生；花通常单生叶腋①②；花萼5裂至中部稍下，有短糙毛，裂片线状披针形，稍不等大，裂片之间各具2小齿，花后增大，左右压扁②，略呈蚌壳状②，边缘具不整齐锯齿②；花冠蓝色①③，筒部比檐部稍长，檐部裂片宽卵形至卵形，稍不等大，喉部附属物疣状③；雄蕊5枚，内藏，小坚果狭卵形，灰褐色，表面有疣点。

　　生于山地草坡、村旁、田边。

　　糙草茎细弱，攀缘，沿棱有短倒钩刺，花萼花后增加，左右压扁，略呈蚌壳状，花冠蓝色，小坚果。

青杞　野茄子　茄科 茄属

Solanum septemlobum

|　qīngqǐ

　　直立草本或半灌木状；茎有棱角，被白色弯曲的短柔毛至近无毛；叶互生①，卵形，5～7裂①，裂片卵状长圆形至披针形①，全缘或具尖齿；二歧聚伞花序①②，顶生或腋外生；花萼小，杯状，外面有疏柔毛，5裂，萼齿三角形；花冠蓝紫色①②，直径约1厘米，先端5深裂②，裂片矩圆形；雄蕊5枚，花丝长不及1毫米，花药黄色②，长圆形，顶孔向内；花柱丝状，柱头头状；子房卵形；浆果近球状③，熟时红色③；种子扁圆形。

　　生于山坡。

　　青杞叶卵形，5～7裂，二歧聚伞花序，花冠蓝紫色，先端5深裂，浆果近球状，熟时红色。

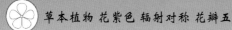

山莨菪 茄科 山莨菪属

Anisodus tanguticus

Common Anisodus | shānlàngdàng

多年生直立粗壮草本；叶革质，卵形或长椭圆形至椭圆状披针形①②，边缘有时具少数不规则的三角形齿；花常单生于枝腋④，长3～4厘米；花萼宽钟状④，不等5浅裂，果时增大成杯状②⑤，厚革质，有10条显著粗壮的纵肋⑤；花冠紫色③，有时黄色(另见128页)，宽钟状，比花萼长不到1倍；雄蕊5枚；花盘环状，边缘有5个波状浅裂③；子房圆锥形；蒴果近球状，内藏于宿萼内②⑤，盖裂；种子圆肾形。

生于山坡。

山莨菪单叶互生，花萼钟形，果时增大成杯状，花冠紫色，5裂，蒴果。

泡沙参 灯花草 桔梗科 沙参属

Adenophora potaninii

Potanin Ladybell | pàoshāshēn

多年生草本；茎生叶互生，下部叶有短柄，中部以上叶无柄；叶片狭卵形、狭倒卵形或矩圆形；圆锥花序；花萼裂片5片；花冠紫蓝色①②，钟状，5浅裂①②；雄蕊5枚；子房下位，花柱与花冠近等长或稍伸出①②。

生于阳坡草地、灌丛、林下。

相似种：长柱沙参【*Adenophora stenanthina*，桔梗科 沙参属】基生叶心形；茎生叶从丝条状到宽椭圆形或卵形；花序呈假总状花序或有分枝而集成圆锥花序；花冠细，近于筒状或筒状钟形③，5浅裂，浅蓝色至紫色③；花柱明显伸出花冠③。生境同上。

泡沙参花柱内藏；长柱沙参花柱明显伸出花冠。

钻裂风铃草　针叶风铃草　桔梗科 风铃草属

Campanula aristata

Aristate Bellflower　|　zuànlièfēnglíngcǎo

多年生草本；茎高18~38厘米，茎纤细，不分枝①；基生叶成丛；叶片狭卵形或卵形，边缘有波状浅齿或全缘；叶柄长达3厘米，茎生叶无毛，下部的有柄，披针形至条形，中部以上的无柄，狭条形；花1朵生茎顶端①；花萼裂片5枚，钻形①③；花冠蓝紫色①②③，钟状，5浅裂①②，无毛；雄蕊5枚；子房下位①③，花柱3裂②；蒴果狭倒披针形，有10条纵肋，在上部开裂。

生于草丛、灌丛。

钻裂风铃草叶互生，花单生茎端，花萼裂片5枚，钻形，花冠蓝紫色，钟状，5浅裂。

缬草　香草　败酱科 缬草属

Valeriana officinalis

Garden Valerian　|　xiécǎo

多年生高大草本，高可达100~150厘米；茎中空，被粗毛，尤以节部为多；匍枝叶、基出叶和基部叶在花期常凋萎；茎生叶卵形至宽卵形，羽状深裂③，裂片7~11片③；中央裂片与两侧裂片近同形同大小，但有时与第1对侧裂片合生成3裂状，裂片披针形或条形③，全缘或有疏锯齿，两面及柄轴多少被毛；花序顶生①②，成伞房状三出聚伞圆锥花序①②；小苞片长椭圆状长圆形、倒披针形或线状披针形，边缘多少有粗缘毛；花冠淡紫红色①②或白色，花冠裂片5枚②，雌雄蕊约与花冠等长；瘦果长卵形。

生于山坡草地、林下、沟边。

缬草茎生叶羽状深裂，圆锥花序顶生，花淡紫红色，花冠裂片5枚。

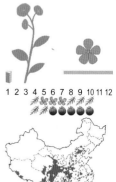

桃儿七　鬼臼　小檗科 桃儿七属

Sinopodophyllum hexandrum

Common Peach-seven　|　táo'érqī

多年生草本：茎直立，单生，具纵棱，无毛；叶2枚①②④，薄纸质，非盾状，基部心形，3～5深裂几达中部①④；花大，单生①②，两性，整齐，粉红色①②③；萼片6枚，早萎；花瓣6枚③，倒卵形或倒卵状长圆形，先端略呈波状；雄蕊6枚③；子房椭圆形③，1室，含多数胚珠，花柱短，柱头头状；浆果卵圆形，熟时橘红色④⑤；种子卵状三角形，红褐色，无肉质假种皮。

生于林下、林缘、灌丛、草丛。

桃儿七花单生，叶2枚，掌状深裂，花瓣6枚，粉红色，浆果成熟时橘红色。

卷叶黄精　百合科 黄精属

Polygonatum cirrhifolium

Tendrilleaf Landpick　|　juǎnyèhuángjīng

多年生草本：叶大部分为3～6枚轮生①，细条形至条状披针形①，顶端拳卷或弯曲成钩状①；花序腋生①②，通常具2朵花，俯垂①②；花被淡紫色①②，合生成筒状，裂片6枚；雄蕊6枚；子房具约等长的花柱；浆果，熟时红色或紫红色。

生于林下、山坡、草地。

相似种：轮叶黄精【*Polygonatum verticillatum***，百合科 黄精属】**叶通常为3叶轮生③，或间有少数对生或互生的，矩圆状披针形至条状披针形③；花单朵或2～3(或4)朵成花序④，花梗俯垂；花被淡黄色或淡紫色④；子房具约与之等长或稍短的花柱；浆果红色，具6～12颗种子。生境同上。

卷叶黄精叶顶端拳卷或弯曲成钩状；轮叶黄精叶顶端无拳卷。

羊齿天门冬　滇百部　百合科　天门冬属

Asparagus filicinus

Fernlike Asparagus ｜ yángchǐ tiānméndōng

　　直立草本；根成簇，从基部开始或在距基部几厘米处成纺锤状膨大；茎分枝通常有棱；叶状枝每5～8枚成簇①②，扁平①②，镰刀状①②；花每1～2朵腋生②，淡绿色，有时稍带紫色②③；花梗纤细②③，关节位于近中部③；雌雄异花；浆果，有2～3颗种子。

　　生于林下、山谷阴湿处。

　　相似种：北天门冬【*Asparagus przewalskyi*，百合科　天门冬属】茎不分枝，叶状枝密接④⑤；叶状枝每5～7枚为一簇④⑤，茎下部者长，向上渐短，扁圆柱形④⑤，略呈镰状或仅上半部稍向上弯；花每2朵腋生④⑤，浅紫色④⑤；花梗关节位于顶端，雌雄异花；雄蕊3长3短；浆果球形，成熟时红色。生于灌木丛中、干旱山坡。

　　羊齿天门冬茎分枝，叶状枝扁平；北天门冬茎不分枝，叶状枝扁圆柱形。

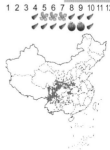

卵叶韭　百合科　葱属

Allium ovalifolium

Ovateleaf Leek ｜ luǎnyèjiǔ

　　多年生草本；鳞茎单一或2～3枚聚生，近圆柱状；鳞茎外皮灰褐色至黑褐色，破裂成纤维状，呈明显网状；叶2片①，靠近或近对生状，极少3片，披针状矩圆形至卵状矩圆形①④，先端渐尖或近短尾状，基部圆形至浅心形；叶柄明显①④；花莛圆柱状，下部被叶鞘；总苞2裂，宿存，稀早落；伞形花序球状①②③，具多而密集的花；小花梗近等长，果期伸长；花白色①，有时带淡红色②；花被片内轮披针状矩圆形至狭矩圆形，外轮较宽而短，狭卵形、卵形或卵状矩圆形；花丝等长；子房球形③。

　　生于林下、阴湿山坡、湿地、沟边或林缘。

　　卵叶韭叶2枚，伞形花序球状，花被片6枚，子房球形。

草本植物 花紫色 辐射对称 花瓣六

天蓝韭　天兰葱　百合科　葱属

Allium cyaneum

Skyblue Leek ｜ tiānlánjiǔ

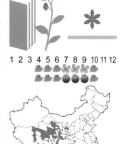

1 2 3 4 5 6 7 8 9 10 11 12

　　多年生草本；鳞茎外皮暗褐色，老时破裂成纤维状，常呈不明显的网状；叶基生，狭条形；总苞单侧开裂，宿存；伞形花序①②，有时半球状，常疏散；花被钟状①②，天蓝色或紫蓝色①②；花被片6枚；花丝等长，常为花被片长度的1.5倍①②；子房近球状；花柱伸出花被外。

　　生于山坡、草地。

　　相似种：蓝花韭【*Allium beesianum***，百合科　葱属】**总苞单侧开裂，常早落；伞形花序③④；花被狭钟状，蓝色至紫蓝色③④；花被片6枚③④；花丝长约为花被片的4/5③④。生境同上。

　　天蓝韭花丝伸出花被；蓝花韭花丝不伸出花被。

1 2 3 4 5 6 7 8 9 10 11 12

青甘韭　甘青野韭　百合科　葱属

Allium przewalskianum

Przewalski's Leek ｜ qīnggānjiǔ

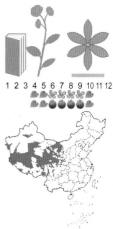

1 2 3 4 5 6 7 8 9 10 11 12

　　多年生草本；鳞茎数枚聚生，有时基部被以共同的网状鳞茎外皮；鳞茎外皮红色，破裂成纤维状，呈明显的网状，常紧密地包围鳞茎；叶半圆柱状至圆柱状；花莛圆柱状，下部被叶鞘；总苞与伞形花序近等长或较短，单侧开裂，宿存；伞形花序球状或半球状①②③；花淡红色至深紫红色①②③；花被片先端微钝，内轮的矩圆形至矩圆状披针形，外轮的卵形或狭卵形，略短；花丝等长，为花被片长的1.5～2倍，蕾期花丝反折，刚开放时内轮的先伸直，随后外轮的伸直②；子房球状。

　　生于干旱山坡、石缝、灌丛下或草坡。

　　青甘韭伞形花序球状或半球状，花淡红色至深紫红色，花被片6枚，花丝比花被长，子房球状。

马蔺 鸢尾科 鸢尾属

Iris lactea

Chinese Iris │ mǎlìn

多年生密丛草本；叶基生，坚韧，灰绿色，条形或狭剑形①，具两面凸起的平行脉；花茎光滑；苞片3~5枚，草质，绿色，边缘白色，披针形，顶端渐尖或长渐尖，内包含有2~4朵花①；花为浅蓝色、蓝色或蓝紫色①②，外轮花被上有较深色的条纹②，无附属物②，内轮3片倒披针形，直立②；花药黄色，花丝白色；花柱分枝3条②，花瓣状②，顶端2裂②；蒴果长椭圆形③，具纵肋6条，有尖喙；种子为不规则的多面体，棕褐色。

生于沟边草地、草甸。

马蔺多年生密丛草本，叶基生，花浅蓝色，花被片6枚，外轮花被无附属物，花柱花瓣状，蒴果。

准噶尔鸢尾 鸢尾科 鸢尾属

Iris songarica

Dzungar Swordflag │ zhǔngá'ěryuānwěi

多年生密丛草本①；叶灰绿色，条形，花期叶较花茎短，果期叶比花茎高；花茎生有3~4枚茎生叶；花下苞片3枚；花蓝紫色①②③，外花被裂片提琴形③，无附属物③，内花被裂片倒披针形①②，直立；花柱分枝3条①②，顶端2裂①②；子房纺锤形；蒴果三棱状卵圆形，顶端有长喙。

生于向阳的高山草地、坡地及石质山坡。

相似种：锐果鸢尾【*Iris goniocarpa*，鸢尾科 鸢尾属】叶狭条形，质柔弱；花莛仅具1朵花；花蓝紫色④⑤，外轮3片，裂片倒卵形或椭圆形④⑤，裂片具深紫色斑点④⑤，中脉上的须毛状附属物基部白色④，顶端黄色④，内轮3花被裂片直立④⑤；花柱分枝3条④⑤，花瓣状④⑤，顶端2裂④⑤。生于高山山坡、草原。

准噶尔鸢尾外花被裂片无附属物；锐果鸢尾外花被裂片有须毛状附属物。

五脉绿绒蒿 毛叶兔耳风 罂粟科 绿绒蒿属
Meconopsis quintuplinervia
Fivevein Meconopsis | wǔmàilùrónghāo

多年生草本；主根不明显，生须根状；叶均基生，呈莲座状③；叶片倒卵形至披针形③，全缘，两面密被淡黄色或棕褐色具多短分枝的硬毛③；花莛1~3条①，被黄棕色、具多短分枝、反折的硬毛；花下垂，单生于花莛上①；萼片外面密被棕黄色、具分枝的硬毛③；花瓣4~6枚①②，淡蓝色或紫色①②；雄蕊多数①②；子房近球形、卵球形或长圆形，密被棕黄色或淡黄色具分枝的刚毛；蒴果椭圆形或长圆状椭圆形，密被棕黄色紧贴的硬毛。

生于灌丛、高山草地。

五脉绿绒蒿叶均基生，花瓣4~6枚，花瓣淡蓝色或紫色，雄蕊多数，蒴果密被棕黄色硬毛。

多刺绿绒蒿 罂粟科 绿绒蒿属
Meconopsis horridula
Spiny Meconopsis | duōcìlùrónghāo

多年生草本；茎生伸展的硬刺①②③，常同时自基部叶腋部生出数短花莛①②③；基生叶和茎下部叶多数；叶片倒披针形或狭倒卵形①②③，基部渐狭成长柄，边缘全缘或呈波状，两面生硬刺①②③；茎上部叶较小；总状花序通常含多数花，萼片外面被刺①②③；花瓣4~8枚①②③，紫蓝色①②③，宽倒卵形；雄蕊多数①②③；子房卵形，密生黄色硬刺；花柱明显，柱头头形；蒴果倒卵形或椭圆状长圆形，被锈色或黄褐色、平展或反曲的刺。

生于山坡、多石砾处。

多刺绿绒蒿茎生硬刺，叶片两面生硬刺，花瓣4~8枚，紫蓝色，蒴果被刺。

草本植物 花紫色 辐射对称 花瓣多数

蓝侧金盏花　毛茛科 侧金盏花属

Adonis coerulea

Skyblue Adonis ｜ láncèjīnzhǎnhuā

1 2 3 4 5 6 7 8 9 10 11 12

多年生草本；叶羽状全裂①，裂片3～5对①，约二回细裂，末回裂片狭卵形或拔针形；萼片5～7枚，带暗紫色，椭圆形；花瓣7～14枚①②，白色带淡蓝色或粉色①②；雄蕊多数①②，花丝狭条形；心皮达20枚，具短宿存花柱。

生于山坡草地。

相似种：叠裂银莲花【Anemone imbricata，毛茛科 银莲花属**】**基生叶4～7片，叶片狭卵形⑤，3全裂⑤，中央裂片具柄⑤，二回分裂，小裂片互相多少覆压⑤，侧生裂片近无柄⑤，不等3裂；叶柄密生长柔毛⑤；花莛1～4条③；总苞片3枚，3裂；萼片6～9枚③④，白色或红紫色③④，无花瓣；雄蕊多数③④；心皮约30枚。生于高山草地、灌丛。

蓝侧金盏花叶羽状全裂，裂片3～5对；叠裂银莲花叶3全裂，中央裂片具柄，侧生裂片近无柄。

川赤芍　毛茛科 芍药属

Paeonia anomala subsp. *veitchii*

Veitch Peony ｜ chuānchì sháo

1 2 3 4 5 6 7 8 9 10 11 12

多年生草本；根圆柱形，长达20厘米；茎高20～80厘米，无毛；约生5叶；茎下部叶为二回三出复叶①，长达30厘米；小叶通常二回深裂①，小裂片宽拔针形或拔针形①，上面沿脉疏生短毛，下面无毛；花2～4朵生茎顶端及其下的叶腋，直径5～9厘米；苞片2～3枚，拔针形，长2.5～6厘米；萼片约4枚；花瓣6～9枚①②，紫红色或粉红色①②，宽倒卵形，长2～5厘米；雄蕊多数①②；心皮2～5枚，蓇葖果密被黄色短毛；种子成熟后黑色④。

生于山坡、林下、路旁。

川赤芍二回三出复叶，花瓣6～9枚，紫红色或粉红色，雄蕊多数，蓇葖果。

1 2 3 4 5 6 7 8 9 10 11 12

丝叶唐松草　　毛茛科 唐松草属

Thalictrum foeniculaceum

Silk Meadowrue　│　sīyètángsōngcǎo

　　多年生草本；茎高11～78厘米，上部分枝或不
分枝；基生叶2～6枚，为二至四回三出复叶④；小
叶薄革质，钻状狭线形或狭线形④，顶端尖，边缘
常反卷，中脉隆起；叶柄基部有鞘翘；茎生叶2～4
片，似基生叶，渐变小；聚伞花序伞房状①；花
梗细，长2～4.5厘米；萼片5枚至多数①②，粉红
色或白色①②，椭圆形或狭倒卵形①②，长6～10
毫米，宽3～5毫米；无花瓣；花药长圆形②，有
短尖，花丝短，丝形；心皮7～11枚，无柄，花柱
短；瘦果纺锤形③，有8～10条纵肋。

　　生于干燥草坡、山脚沙地或多石砾处。

　　丝叶唐松草二至四回三出复叶，小叶线形，萼
片花瓣状，5至多数枚，粉红色或白色，瘦果纺锤
形。

紫苜蓿　　苜蓿 豆科 苜蓿属

Medicago sativa

Lucerne　│　zīmùxu

　　多年生草本；多分枝，高30～100厘米；叶
具3枚小叶①②③④，小叶倒卵形或倒披针形
①②③④，长1～2厘米，宽约0.5厘米，先端圆，
中肋稍凸出，上部叶缘有锯齿④，两面有白色长柔
毛；小叶柄长约1毫米，有毛；托叶披针形，先端
尖，有柔毛，长约5毫米；总状花序腋生①②③；
花萼有柔毛，萼齿狭披针形③，急尖；花冠紫色
①②③，长于花萼；荚果螺旋形⑤，有疏毛，先端
有喙，有种子数粒；种子肾形，黄褐色。

　　生于田边、路旁、草原、沟谷。

　　紫苜蓿羽状三出复叶，总状花序腋生，花冠蝶
形，紫色，荚果螺旋形。

歪头菜 草豆 偏头草 豆科 野豌豆属

Vicia unijuga

Two-leaf Vetch | wāitóucài

多年生草本；小叶2片①，卵形至菱形①，先端急尖，基部楔形；托叶戟形；总状花序腋生①，密生8～20朵花①；萼斜钟形，萼齿5枚；花冠紫色或紫红色①；花柱上半部四周有白色短柔毛；荚果狭矩形②，扁②。

生于草甸、林缘、山坡、灌丛中。

相似种：广布野豌豆【*Vicia cracca*，豆科 野豌豆属】多年生蔓性草本；羽状复叶④，有卷须④；小叶8～24片④，狭椭圆形或狭披针形④；总状花序腋生③，有花7～15朵；萼斜钟形，萼齿5枚，上面2齿较长；花冠紫色或蓝色③；花柱顶端四周被黄色腺毛；荚果矩圆形⑤，膨胀⑤。生境同上。

歪头菜叶无卷须，小叶2片；广布野豌豆叶有卷须，小叶8～24片。

高山豆 单花米口袋 豆科 高山豆属

Tibetia himalaica

Alpbean | gāoshāndòu

多年生草本；叶柄被稀疏疏长柔毛③；托叶大，卵形，密被贴伏长柔毛；小叶9～13片①③，圆形至椭圆形、宽倒卵形至卵形①③，顶端微缺至深缺，被贴伏长柔毛①③；伞形花序具1～3朵花①②，稀4朵；总状花梗与叶等长或较叶长，具稀疏长柔毛；花萼钟状，被长柔毛，上萼齿2枚较大，下萼齿3枚较狭而短；花冠深蓝紫色①②，旗瓣卵状扁圆形，顶端微缺至深缺①②，瓣柄长2毫米；翼瓣宽楔形具斜截头；子房被长柔毛，花柱折曲成直角；荚果圆筒形或有时稍扁，被稀疏疏柔毛或近无毛。

生于高山草甸、灌丛。

高山豆小叶9～13片，圆形至椭圆形，伞形花序具1～3朵花，花冠蝶形，深蓝紫色，荚果。

黑紫花黄芪　多花黄芪　　豆科 黄芪属

Astragalus przewalskii

Przewalski's Milkvetch　|　hēizǐhuāhuángqí

多年生草本；茎直立①，通常中部以下无叶；羽状复叶有9～17片小叶①②；托叶离生，披针形；小叶线状披针形①②，上面绿色，无毛，下面灰绿色，疏被白色短柔毛；总状花序稍密集，有10余朵花①②③；花梗连同花序轴均被白色或黑色柔毛；花萼钟状，外面被黑色柔毛，萼齿三角状披针形；花冠黑紫色①②③，旗瓣倒卵形，先端微凹，翼瓣较旗瓣稍短，瓣片长圆形，龙骨瓣较翼瓣稍短；子房明显具柄，被黑色短柔毛；荚果膜质，膨大，梭形或披针形，1室；种子5～8颗。

生于阴坡、沟旁湿处。

黑紫花黄芪羽状复叶有9～17片小叶，总状花序有10余朵花，花冠黑紫色，荚果膜质。

甘肃黄芪　　豆科 黄芪属

Astragalus licentianus

Gansu Milkvetch　|　gānsùhuángqí

多年生草本；羽状复叶基生①②，有15～33片小叶①②；总状花序生8～18朵花①②③，稍密集，偏向一边①②③；花萼管状，被疏被黑色柔毛；花冠青紫色①②③，旗瓣倒卵形，先端微凹①②③，基部渐狭成瓣柄；翼瓣与旗瓣近等长，瓣片长圆形；龙骨瓣较旗瓣短或近等长，瓣片半卵形；子房具短柄，被白色和混生黑色长柔毛；荚果狭椭圆形长圆形，稍膨胀；种子5～6颗，褐色，卵形。

生于高山沼泽草地。

甘肃黄芪羽状复叶基生，有15～33片小叶，总状花序，花冠青紫色，荚果。

多叶棘豆　狐尾藻棘豆　　豆科 棘豆属

Oxytropis myriophylla

Leafy Crazyweed　│　duōyèjídòu

　　多年生丛生草本；羽状复叶①④，叶轴密生长柔毛；托叶膜质，披针形，密生黄色长柔毛，下部与叶柄连合；小叶25～32轮，每轮4～8片①④或有时对生，条形，密生长柔毛；总状花序①②；花冠淡红紫色①②；龙骨瓣先端具喙②左下）；荚果长椭圆形③，膨胀，不完全二室。

　　相似种：地角儿苗【*Oxytropis bicolor*，豆科 棘豆属】小叶7～17轮（对），对生⑤或4叶轮生⑤，线状披针形；总状花序⑤⑥；花冠紫红色⑤⑥，旗瓣中部黄色⑥；龙骨瓣先端具喙；荚果不完全二室。生于坡地、沙地、路旁。

　　多叶棘豆旗瓣无黄色；地角儿苗旗瓣中部黄色。

西伯利亚远志　　远志科 远志属

Polygala sibirica

Siberian Milkwort　│　xībólìyàyuǎnzhì

　　多年生草本；叶互生①，下部叶小卵形，上部叶披针形或椭圆状披针形①，全缘；总状花序腋外生或假顶生①；花具3枚小苞片，钻状披针形；萼片5枚，宿存，里面2枚花瓣状（②左），近镰刀形；花瓣3枚（②右），蓝紫色②③，侧瓣倒卵形②③，2/5以下与龙骨瓣合生，龙骨瓣具流苏状鸡冠状附属物②③；雄蕊8枚，花丝2/3以下合生成鞘；花柱顶端弯曲，柱头2；蒴果近倒心形④。

　　生于山地灌丛，林缘或草地。

　　相似种：远志【*Polygala tenuifolia*，远志科 远志属】单叶互生⑤，叶线形至线状披针形⑤；总状花序⑤；萼片5枚，宿存，里面2枚花瓣状；花瓣3枚，紫色，龙骨瓣具流苏状附属物；雄蕊8枚；蒴果圆形，顶端微凹。生境同上。

　　西伯利亚远志叶披针形或椭圆状披针形；远志叶线形至线状披针形。

康藏荆芥 　康滇荆芥 　唇形科 荆芥属

Nepeta prattii

Pratt Catnip | kāngzàngjīngjiè

1 2 3 4 5 6 7 8 9 10 11 12

叶片卵状披针形至披针形①，向上渐变小；轮伞花序生于茎上部①，上方密集成假穗状花序①；花冠紫色或蓝色①，下唇3裂，中裂片近圆形。

生于草地。

相似种：甘青青兰【*Dracocephalum tanguticum***，唇形科 青兰属】**叶片羽状全裂④，裂片2~3对④，条形；轮伞花序生于茎顶③，形成间断的假穗状花序③；花冠紫蓝色至暗紫色③，下唇中裂片最大。生于河岸、草滩、林缘。

岷山毛建草【*Dracocephalum purdomii***，唇形科 青兰属】**茎生叶2对，叶片卵状长圆形⑤⑥，边缘密生钝齿⑤⑥，具短柄或几无柄⑤⑥；轮伞花序顶生⑤，密集成球形⑤；花冠深蓝色⑤。生于林缘、路旁、沟边、灌丛中。

康藏荆芥叶片卵状披针形至披针形；甘青青兰叶片羽状全裂；岷山毛建草茎生叶卵状长圆形。

1 2 3 4 5 6 7 8 9 10 11 12

1 2 3 4 5 6 7 8 9 10 11 12

薄荷 　野薄荷 　唇形科 薄荷属

Mentha canadensis

Corn Mint | bòhe

多年生草本；上部具倒向微柔毛，下部仅沿棱上具微柔毛；叶矩圆状披针形至披针状椭圆形①②③，上面沿脉密生、其余部分疏生微柔毛，或除脉外近无毛，下面常沿脉密生微柔毛；轮伞花序腋生①②③，球形，具梗或无梗；花萼筒状钟形，10条脉，具齿5枚，狭三角状钻形；花冠淡紫色①②③，外被毛，内面在喉部下被微柔毛，檐部4裂，上裂片顶端2裂，较大，其余3裂近等大；雄蕊4枚，前对较长，均伸出；小坚果卵球形。

1 2 3 4 5 6 7 8 9 10 11 12

生于水旁潮湿地。

薄荷茎四棱形，叶对生，叶矩圆状披针形，花冠淡紫色，小坚果4颗。

甘西鼠尾草　　唇形科 鼠尾草属

Salvia przewalskii

Przewalski's Sage ｜ gānxīshǔwěicǎo

多年生草本；茎密被长柔毛；叶片均三角状或椭圆状戟形①，上面被微硬毛，下面被白色茸毛；花序假总状①，顶生，间或腋生，轮伞花序2～4朵花①；花萼钟状，外密被具腺长柔毛②；花冠紫红色①②，筒内具毛环；能育雄蕊2枚，另2枚退化不育；小坚果倒卵圆形。

生于林缘、路旁、沟边、灌丛下。

相似种：甘肃黄芩【*Scutellaria rehderiana*，唇形科 黄芩属】叶片卵状披针形至卵形④；花序总状③④；花冠粉红色、淡紫色至紫蓝色③④，花冠筒近基部膝曲；能育雄蕊4枚。生境同上。

甘西鼠尾草叶三角状或椭圆状戟形，能育雄蕊2枚；甘肃黄芩叶卵状披针形，能育雄蕊4枚。

糙苏　　唇形科 糙苏属

Phlomis umbrosa

Jerusalem sage ｜ cāosū

多年生草本；叶近圆形、圆卵形至卵状矩圆形①②③；叶片两面被疏柔毛及星状疏柔毛；轮伞花序多数①②③；萼齿顶端具小刺尖②；花冠通常粉红色②③，下唇3圆裂，中裂片较大；小坚果无毛。

生于林下、山坡。

相似种：尖齿糙苏【*Phlomis dentosa*，唇形科 糙苏属】基生叶三角形或三角状卵形④，边缘为不整齐的圆齿④，茎生叶同形，较小；轮伞花序多花④⑤；苞片针刺状；萼齿先端为平展的钻状刺尖⑤，齿间形成2个小齿；花冠粉红色④⑤，上唇外面密被星状短柔毛及具节长柔毛⑤；小坚果无毛。生于草坡。

糙苏叶近圆形；尖齿糙苏叶三角形或三角状卵形。

甘露子 草石蚕 唇形科 水苏属

Stachys sieboldii

Chinese Artichoke | gānlùzǐ

1 2 3 4 5 6 7 8 9 10 11 12

多年生草本；茎的棱及节上有硬毛①②；茎叶卵形或长椭圆状卵形②，两面贴生短硬毛；轮伞花序通常6朵花①，多数远离排列成顶生假穗状花序①；花冠粉红色至紫红色①②，上唇外面被柔毛，下唇有紫斑①②；雄蕊4枚，前对较长。

生于湿润地、积水处。

相似种：细叶益母草【*Leonurus sibiricus***，唇形科 益母草属】**茎有短而贴生的糙伏毛；茎中部叶轮廓为卵形，掌状3全裂③，裂片再分裂成条状小裂片③，轮伞花序③④；花萼喉齿5枚，前2齿靠合；花冠粉红色至紫红色③④，花冠下唇短于上唇，上唇外密被绵长柔毛。生于石质、沙质草地、林中。

甘露子茎有硬毛，叶卵形或长椭圆状卵形；细叶益母草茎有短糙伏毛，无硬毛，叶掌状3全裂。

1 2 3 4 5 6 7 8 9 10 11 12

百里香 唇形科 百里香属

Thymus mongolicus

Mongo Thyme | bǎilǐxiāng

1 2 3 4 5 6 7 8 9 10 11 12

不育枝圆柱形，多匍匐②，节上有根，花枝从茎节上生出②，花枝直立①②③，花枝高2(或1.5)～10厘米，在花序下密被倒向或稍开展的疏柔毛；叶片卵形①②③，长4～10毫米，侧脉2～3对；花序头状①②③；花萼筒状钟形或狭钟形，内面在喉部有白色毛环，上唇具3齿，齿三角形，下唇较上唇长或近相等，齿钻形，各齿具睫毛或无毛；花冠紫红色至粉红色①②③，上唇直伸，微凹，下唇开展，3裂③，中裂片较长；小坚果近圆形或卵圆形，光滑。

生于斜坡、路旁、杂草丛中。

百里香叶对生，卵形，顶生花序头状，花唇形，紫红色至粉红色。

宝盖草　珍珠莲　唇形科　野芝麻属

Lamium amplexicaule

Henbit Deadnettle ｜ bǎogàicǎo

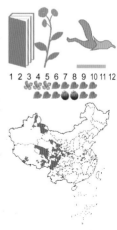

　　一年生或二年生植物；茎高10～30厘米，四棱形；茎下部叶具长柄，上部叶无柄，叶片均圆形或肾形③，半抱茎，边缘具极深的圆齿③，顶部的齿通常较其余的大；轮伞花序6～10朵花①②；苞片披针状钻形，具缘毛；花萼外面密被白色直伸的长柔毛，萼齿5枚③，边缘具缘毛；花冠紫红色或粉红色①②，上唇被有较密带紫红色的短柔毛，冠檐二唇形①②，上唇直伸①②，长圆形，先端微弯，下唇稍长，3裂，中裂片倒心形，先端深凹；雄蕊花丝无毛，花药被长硬毛；花柱丝状，先端不相等2浅裂；小坚果倒卵圆形。

　　生于路旁、林缘、沼泽草地。

　　宝盖草叶对生，圆形或肾形，边缘具深圆齿，轮伞花序6～10朵花，花唇形，紫红色或粉红色。

角蒿　羊角草　紫葳科　角蒿属

Incarvillea sinensis

Chinese Incarvillea ｜ jiǎohāo

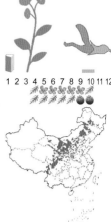

　　一年生至多年生草本；具分枝的茎，高达80厘米；叶互生，二至三回羽状细裂①④，形态多变异，小叶不规则细裂，末回裂片线状披针形①④，具细齿或全缘；顶生总状花序①②，疏散；小苞片绿色，线形；花萼钟状，绿色带紫红色，萼齿钻状，萼齿间皱褶2浅裂；花冠唇形①②，淡玫瑰色或粉红色①②，有时带紫色，钟状漏斗形①②，基部收缩成细筒②，花冠裂片圆形；雄蕊4枚，2强，着生于花冠筒近基部，花药成对靠合；蒴果淡绿色，细圆柱形③，顶端尾状渐尖；种子扁圆形，四周具透明的膜质翅。

　　生于山坡、田野。

　　角蒿叶二至三回羽状细裂，花冠唇形，淡玫瑰色或粉红色，蒴果细圆柱形。

砾玄参　玄参科 玄参属

Scrophularia incisa

Incised Figwort | lìxuánshēn

半灌木状草本③，高20～50(或70)厘米；茎近圆形，无毛或上部生微腺毛；叶片狭矩圆形至卵状椭圆形②③，顶端锐尖至钝，基部楔形至渐狭呈短柄状，边缘变异很大，从有浅齿至浅裂②，稀基部有1～2枚深裂片；顶生、稀疏而狭的圆锥花序①③；花萼无毛或仅基部有微腺毛；花唇形①，玫瑰红色至暗紫红色①③，下唇色较浅，上唇裂片顶端圆形，下唇侧裂片长约为上唇之半，雄蕊约与花冠等长，退化雄蕊长矩圆形；花柱长约为子房的3倍；蒴果球状卵形。

生于河滩石砾地或草坡。

砾玄参叶片狭矩圆形至卵状椭圆形，花唇形，玫瑰红色至暗紫红色，蒴果。

肉果草　玄参科 肉果草属

Lancea tibetica

Tibet Lancea | ròuguǒcǎo

多年生草本；根状茎细长，节上有1对鳞片；叶对生，几成莲座状①②；叶片近革质，倒卵形或匙形①②，顶端常有小凸尖，基部渐狭成短柄，全缘①②；花数朵簇生或伸长成总状花序①②，或单生而花梗上有小苞片；花萼革质，萼齿5枚，钻状三角形；花冠深蓝色或紫色①②，上唇直立，下唇开展；果实肉质不裂，红色至深紫色③，卵状球形③，顶端尖③。

生于草地、林中、沟谷旁。

肉果草叶倒卵形或匙形，对生，几成莲座状，花冠深蓝色或紫色，果实红色至深紫色，卵状球形。

绵穗马先蒿　玄参科 马先蒿属

Pedicularis pilostachya

Pilostachys Woodbetony | miánsuìmǎxiānhāo

多年生草本；基生叶披针状矩圆形，羽状深裂①；茎叶仅2轮①，叶片较小；花序穗状①；花萼外密被白色长绵毛①，齿后方1枚极短，其余4枚靠近，几成1大齿；花冠深紫红色或黑红色①，在萼口以直角向前膝屈，盔端圆钝，下唇几向下方伸展。

生于高山流石滩、草甸。

相似种：碎米蕨叶马先蒿【*Pedicularis cheilanthifolia*，玄参科 马先蒿属】叶羽状深裂②③；花序近头状到总状②③；花冠紫红色至纯白色②③，筒列几伸直而后在近基部约4毫米处近以直角向前膝屈，下唇裂片圆形而等宽。生于林下、高山草甸、高山灌丛中。

绵穗马先蒿花萼密被长绵毛，花冠深紫红色或黑红色；碎米蕨叶马先蒿花萼无长绵毛，花冠紫红色至纯白色。

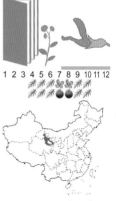

藓生马先蒿　玄参科 马先蒿属

Pedicularis muscicola

Muscicolous Woodbetony | xiǎnshēngmǎxiānhāo

多年生草本；茎柔弱，铺地生长；叶互生，羽状全裂①；花腋生①②；花冠玫瑰色①②，盔在基部即向左方扭折使其顶部向下，前方渐细为卷筒或S形的长喙①②，喙反向上方卷曲①②，下唇极大①②，中裂较侧裂小①②；花丝均无毛。

生于林下。

相似种：拟鼻花马先蒿【*Pedicularis rhinanthoides*，玄参科 马先蒿属】基生叶羽状全裂；茎生叶少；总状花序③④；花萼齿5枚，后方1枚较小；花冠玫瑰色③④，花冠管长度不超过花萼的2倍③④，盔上端多少膝状屈曲向前，喙常作S形卷曲③④，下唇基部宽心形，侧裂约大于中裂1倍；前方1对花丝有毛。生于潮湿处、高山草甸。

藓生马先蒿铺地生长，花冠管长度至少为花萼的2倍；拟鼻花马先蒿茎直立，花冠管长度不超过花萼的2倍。

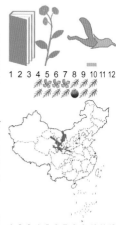

甘肃马先蒿　　玄参科 马先蒿属

Pedicularis kansuensis

Gansu Woodbetony ｜ gānsùmǎxiānhāo

茎生叶4枚轮生，羽状全裂①；花轮极多而疏距，仅顶端较密①；花萼前方不开裂，5齿不等大；花冠紫红色①；花丝1对有毛。

生于草坡、田边。

相似种：轮叶马先蒿【*Pedicularis verticillata*，玄参科 马先蒿属】茎生叶4枚轮生②，羽状深裂至全裂②；花序总状②，常稠密②；花萼前方明显开裂，齿后方1枚较小，其余两两合并；花冠紫红色②③；花丝前方1对有毛③。生于山坡草地、灌丛。

穗花马先蒿【*Pedicularis spicata*，玄参科 马先蒿属】穗状花序④；花萼前方微开裂，齿后方1枚小，其余两两结合；花冠红色④，下唇长于盔2～2.5倍④；花丝1对有毛。生于草地、灌丛。

甘肃马先蒿花萼前方不开裂；轮叶马先蒿花萼前方明显开裂；穗花马先蒿花萼前方微开裂，下唇长于盔2～2.5倍。

密花翠雀花　　毛茛科 翠雀属

Delphinium densiflorum

Denseflower Larkspur ｜ mìhuācuìquèhuā

多年生草本；叶基生并茎生①②，下部叶有长柄，近花序叶具短柄；叶片肾形①②，掌状3深裂①②，深裂片互相稍覆压；总状花序①③；萼片宿存，淡灰蓝色①③，上萼片船状卵形，距圆锥状，其他的萼片较小；花瓣片卵形，2深裂，在腹面中央有一丛长柔毛；退化雄蕊有髯毛；蓇葖果。

生于高山流石滩。

相似种：毛翠雀花【*Delphinium trichophorum*，毛茛科 翠雀属】顶生总状花序④；萼片5枚，淡蓝色④，上萼片的距较萼片长，圆筒状钻形；退化雄蕊2枚，无髯毛，黑褐色；雄蕊多数。生于高山草坡。

密花翠雀花退化雄蕊有髯毛；毛翠雀花退化雄蕊无髯毛。

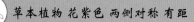

蓝翠雀花　　毛茛科 翠雀属

Delphinium caeruleum

Skyblue Larkspur　│ láncuìquèhuā

一年生草本；基生叶有长柄，叶片近圆形，3全裂，末回裂片线形①；茎生叶似基生叶，渐变小；伞房花序常呈伞状①②，有1～7朵花；下部苞片叶状或3裂，其他苞片线形；萼片紫蓝色①②，距钻形①，花瓣蓝色；退化雄蕊蓝色①②，顶端不裂或微凹，腹面被黄色髯毛；心皮5枚，子房密被短柔毛；蓇葖果。

生于高山草坡或多石砾山坡。

相似种：细须翠雀花【*Delphinium siwanense*，毛茛科 翠雀属】伞房花序有2～7朵花③，顶端5～6朵常排列成伞状；萼片深紫色③；退化雄蕊黑褐色③，腹面中央有淡黄色髯毛③；心皮3枚。生于山地草坡、林边。

蓝翠雀花退化雄蕊蓝色；细须翠雀花退化雄蕊黑褐色。

红花紫堇　　罂粟科 紫堇属

Corydalis livida

Redflower Corydalis　│ hónghuāzǐjǐn

多年生丛生草本；基生叶三回羽状分裂①；茎生叶下部短柄，上部近无柄；总状花序①②，花紫红色①②；距圆筒形，略下弯；蒴果线形③。

生于林下、林缘石缝中。

相似种：齿瓣延胡索【*Corydalis turtschaninovii*，罂粟科 紫堇属】叶片二回三出全裂⑤；总状花序④⑤；苞片通常楔形，近掌状细裂；花瓣蓝紫色④⑤，顶端2浅裂④，具短尖，边缘有波状圆齿，距圆筒形④；蒴果条形。生于林缘、林下。

红花紫堇花紫红色；齿瓣延胡索花瓣蓝紫色。

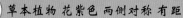

糙果紫堇　罂粟科 紫堇属

Corydalis trachycarpa

Coarsefruit Corydalis　| cāoguǒzǐjǐn

多年生草本；基生叶片轮廓宽卵形，二至三回羽状分裂①②，小裂片狭倒卵形至狭倒披针形或狭椭圆形①②；茎生叶下部叶具柄，上部叶近无柄，其他与基生叶相同；总状花序具密集花①②③；苞片倒卵状菱形，羽状细裂；萼片极小，边缘撕裂状；花瓣淡紫色，顶部深紫色①②③；上花瓣片舟状卵形，先端钝，背部鸡冠状凸起③，自先端开始至瓣片中部消失，距圆锥形③，锐尖，长为花瓣片的2倍或更多③，平伸或弯曲，下花瓣鸡冠状凸起同上瓣③，下部稍呈囊状；花药极小，黄色，花丝白色；蒴果狭倒卵形。

生于高山草甸、流石滩、山坡石缝中。

糙果紫堇二至三回羽状分裂，花瓣淡紫色，顶部深紫色，上下花瓣片鸡冠状凸起，距圆锥形。

暗绿紫堇　罂粟科 紫堇属

Corydalis melanochlora

Darkgreen Corydalis　| ànlǜzǐjǐn

基生叶二回羽状全裂①，一回裂片彼此覆压或近邻接①；茎生叶似基生叶；总状花序①；花瓣蓝色①②，距近圆筒形，稍向下弯曲，内面花瓣顶端深紫色①②。

生于高山草甸、流石滩。

相似种：曲花紫堇【*Corydalis curviflora*，罂粟科 紫堇属】基生叶3全裂；茎生叶近指状分裂达基部④；总状花序③；花瓣蓝色③，距向斜上方伸展③。生于林下、灌丛、草丛中。

暗绿紫堇茎生叶二回羽状全裂，距稍向下弯曲；曲花紫堇茎生叶近指状分裂达基部，距向斜上方伸展。

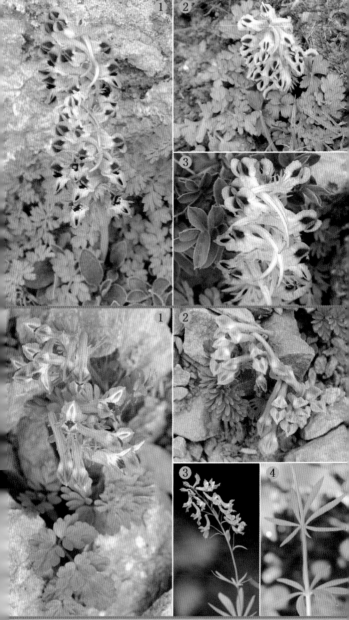

紫花地丁 光瓣堇菜 堇菜科 堇菜属

Viola philippica

Philippian Violet | zǐhuādìdīng

1 2 3 4 5 6 7 8 9 10 11 12

多年生草本；叶基生①②，莲座状；叶长圆形、狭卵状披针形或长圆状卵形①②，果期叶片增大；花紫堇色或淡紫色，喉部色较淡并带有紫色条纹①；萼片基部附属物短；侧方花瓣里面无毛或有须毛；花柱前方具短喙；蒴果成熟时3瓣裂②。

生于荒地、山坡草丛或灌丛。

相似种：早开堇菜【*Viola prionantha*，堇菜科 堇菜属】叶片在花期呈长圆状卵形、卵状披针形；果期叶片显著增大，三角状卵形④；花紫堇色或淡紫色③，喉部色淡有紫色条纹③；萼片基部具附属物；上方花瓣向上方反曲③，侧方花瓣里面基部通常有须毛；蒴果成熟时3瓣裂④，种子卵球形④。生于向阳草地、山坡、荒地。

紫花地丁叶果期长圆形；早开堇菜叶果期三角状卵形。

1 2 3 4 5 6 7 8 9 10 11 12

裂叶堇菜 深裂叶堇菜 堇菜科 堇菜属

Viola dissecta

Dissected Violet | lièyèjǐncài

多年生草本；叶轮廓呈圆形、肾形或宽卵形①，通常3全裂①，稀5全裂，小裂片线形、长圆形或狭卵状披针形①；花淡紫色至紫堇色①②；上方花瓣上部微向上反曲①②，侧方花瓣里面基部有长须毛或疏生须毛②；距末端钝而稍膨胀②；蒴果。

生于山坡草地、杂木林缘。

相似种：总裂叶堇菜【*Viola dissecta* var. *incisa*，堇菜科 堇菜属】叶卵形，边缘具缺刻状浅裂至中裂③；花紫堇色③，距管状。生于林缘、草地。

西藏堇菜【*Viola kunawarensis*，堇菜科 堇菜属】叶卵圆形或长圆形④，边缘全缘④；花瓣5枚，深蓝紫色④；距极短，呈囊状。生于岩石缝隙或碎石边的阴湿处。

裂叶堇菜叶3~5全裂；总裂叶堇菜叶边缘具缺刻状浅裂至中裂；西藏堇菜叶片全缘。

1 2 3 4 5 6 7 8 9 10 11 12

1 2 3 4 5 6 7 8 9 10 11 12

1 2 3 4 5 6 7 8 9 10 11 12

露蕊乌头　毛茛科 乌头属

Aconitum gymnandrum

Nakedstamen Monkshood ｜ lùruǐwūtóu

一年生草本；茎被疏或密的短柔毛；叶宽卵形或三角状卵形①，3全裂①，全裂片二至三回深裂，小裂片狭卵形至狭披针形①；下部叶柄长2～6厘米，上部叶柄逐渐变短；总状花序有6～16朵花①②；基状苞片似叶，其他下部苞片3裂，中部以上苞片披针形至线形②；萼片5枚，花瓣状，蓝紫色①②④，外面疏被柔毛④，具长爪④，上萼片船形④；花瓣2枚，距较短；雄蕊外露④，花丝疏被短毛；心皮6～13枚④，子房有柔毛；蓇葖果③。

生于草坡、田边、河边沙地。

露蕊乌头总状花序，萼片5枚，花瓣状，蓝紫色，花瓣2枚，雄蕊外露，蓇葖果。

高乌头　穿心莲　毛茛科 乌头属

Aconitum sinomontanum

Tall Monkshood ｜ gāowūtóu

多年生草本；茎生4～6枚叶，基生叶1枚；叶片肾形或圆肾形①，基部宽心形，3深裂①；总状花序①②；下部苞片叶状，其他的苞片不分裂，线形；小苞片通常生花梗中部，狭线形；萼片5枚，花瓣状，蓝紫色①②，上萼片圆筒形①②；花瓣2枚②，唇舌形③，距向后拳卷③；心皮3枚；蓇葖果。

生于山坡、林中。

相似种：松潘乌头【*Aconitum henryi*，毛茛科乌头属】茎缠绕④；叶片无毛，3全裂④；萼片5枚，花瓣状，淡蓝紫色④，上萼片盔形④，喙不明显；花瓣2枚；蓇葖果④。生于林中、林边、灌丛中。

高乌头茎直立；松潘乌头茎缠绕。

甘青乌头 辣椒草 毛茛科 乌头属

Aconitum tanguticum

Tangut Monkshood | gānqīngwūtóu

多年生草本；茎疏被反曲而紧贴的短柔毛或几无毛；基生叶7～9枚①，有长柄，叶圆形或圆肾形①，3深裂至中部或中部之下，深裂片互相稍覆压①，深裂片浅裂边缘有圆齿；茎生叶1～2(或4)枚，稀疏排列，通常具短柄；顶生总状花序有3～5朵花①②；苞片线形，或有时最下部苞片3裂①；小苞片生花梗上部或与花近邻接，卵形至条线形；萼片花瓣状，蓝紫色①②，偶尔淡绿色，上萼片船形①②；花瓣2枚①，稍弯②，瓣片极小，唇不明显，距短①；花丝疏被毛；心皮5枚；蓇葖果。

生于山地草坡或沼泽草地。

甘青乌头基生叶圆形或圆肾形，3深裂，萼片花瓣状，蓝紫色，花瓣2枚，距短，蓇葖果。

二叶兜被兰 兰科 兜被兰属

Neottianthe cucullata

Twoleaf Hoodorchis | èryèdōubèilán

陆生兰；茎基部具2枚近对生的叶①，叶片卵形、卵状披针形或椭圆形①，叶片有时具紫红色斑点；总状花序①，常偏向一侧；花紫红色①②③；萼片彼此紧密靠合成兜；唇瓣前部3裂③；距细圆筒状圆锥形①②，中部向前弯曲①②，近呈U字形①②。

生于林下、林缘。

相似种：密花兜被兰【*Neottianthe calcicola***，兰科 兜被兰属】**叶2枚近基生④，披针形、倒披针形④，叶片有时具紫斑④；总状花序④⑤，常偏向一侧；花淡红色或玫瑰红色④⑤；萼片和花瓣靠合成兜；唇瓣近中部3裂⑤，有时5裂；距粗壮，圆锥形⑤，较子房短，直或顶端稍向后弯⑤。生于山坡、林下、草地。

二叶兜被兰距细圆筒状圆锥形，中部向前弯曲，近呈U字形；密花兜被兰距粗壮，圆锥形，直或顶端稍向后弯。

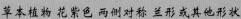

广布红门兰 兰科 红门兰属

Orchis chusua

Blazon Orchis | guǎngbùhóngménlán

陆生兰；叶多为2~3枚，矩圆披针形、披针形或条状披针形；花序具1~10余朵花①②，多偏向一侧①②；花紫色①②，萼片近等长；唇瓣较萼片长，3裂，中裂片顶端具短尖或微凹②，侧裂片扩展；距多长于子房；子房强烈扭曲；合蕊柱短。

生于林下、灌丛、高山草甸。

相似种：北方红门兰【*Orchis roborowskii***，兰科红门兰属】**叶1枚，基生，具柄；花序具1~5朵花③；花苞片最下面1枚常长于花；花紫红色③，萼片近等大，较花瓣大；花瓣唇瓣3裂，边缘波状；距弯曲，几和子房等长。生于山坡。

广布红门兰叶多为2~3枚，花序具1~10余朵花；北方红门兰叶1枚，花序具1~5朵花。

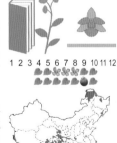

1 2 3 4 5 6 7 8 9 10 11 12

1 2 3 4 5 6 7 8 9 10 11 12

绶草 盘龙参 兰科 绶草属

Spiranthes sinensis

Chinese Lady's Tresses | shòucǎo

陆生兰；肉质根；近基部生2~4枚叶③，叶条状倒披针形或条形③；花序顶生①②，具多数密生的小花，似穗状①②；花白色或淡红色①②，呈螺旋状排列①②；花苞片卵形，长渐尖；中萼片条形，侧萼片等长但较狭；花瓣和中萼片等长但较薄，顶端极钝；唇瓣近矩圆形，顶端极钝，基部至中部边缘全缘，中部之上具强烈的皱波状的啮齿，基部稍凹陷，呈浅囊状，囊内具2枚凸起。

生于林下、草地。

绶草总状花序顶生，花序轴呈螺旋状扭曲，无距，花白色或淡红色。

1 2 3 4 5 6 7 8 9 10 11 12

酸模叶蓼　大马蓼　蓼科 蓼属

Polygonum lapathifolium

Curlytop Knotweed │ suānmóyèliǎo

一年生草本；茎直立，具分枝，无毛，节部膨大①；叶披针形或宽披针形①②③，顶端渐尖或急尖，基部楔形，上面绿色，常有黑褐色新月形斑点①③，全缘，边缘具粗糙毛；托叶鞘筒状，膜质①，淡褐色①；总状花序呈穗状①②，顶生或腋生，近直立，花紧密，通常由数个花穗再组成圆锥状②；苞片漏斗状；花淡红色①②或白色，花被通常4深裂；雄蕊6枚；花柱2枚；瘦果卵形，黑褐色，全部包于宿存花被内。

生于田边、路旁、水边、荒地、沟边湿地。

酸模叶蓼节部膨大，有膜质托叶鞘，叶常有黑褐色新月形斑点，花序穗状，花被片4枚，瘦果。

小大黄　蓼科 大黄属

Rheum pumilum

Dwarf Rhubarb │ xiǎodàhuáng

矮小草本①②，高10~25厘米；茎细直立；基生叶2~3片①②，叶片卵状椭圆形或卵状长椭圆形①②，近革质，顶端圆，基部浅心形，全缘，基出脉3~5条；茎生叶1~2片，通常叶片均具花序分枝，叶片较窄小，近披针形；托叶鞘短，光滑无毛；窄圆锥状花序①②，分枝稀而不具复枝；花2~3朵簇生；花被6枚，不开展，椭圆形或宽椭圆形，边缘为紫红色①②；雄蕊9枚；花柱短，柱头近头状；果实三角形或角状卵形，顶端具小凹，翅窄；种子卵形。

生于山坡或灌丛。

小大黄矮小草本，基生叶2~3片，近革质，花被片6枚，边缘紫红色，雄蕊9枚，果实三角形。

草本植物 花紫色 小而多 组成穗状花序

鸡娃草 小蓝雪花　白花丹科 鸡娃草属

Plumbagella micrantha

Littleflower Plumbagella │ jīwácǎo

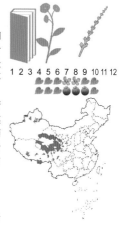

1 2 3 4 5 6 7 8 9 10 11 12

一年生草本；茎直立，具条棱，沿棱有稀疏细小皮刺②；下部叶片上部最宽，匙形至倒卵状披针形，愈向茎的上部，叶片渐变为中部最宽至基部最宽，狭披针形至卵状披针形②，基部由无耳至有耳抱茎而沿棱下延②；花序通常含4～12个小穗①；小穗含2～3朵花(①左上)；苞片最下部长，向上渐短，宽卵形①，常黑紫色①；小苞片较苞片小，膜质；花萼绿色，筒部具5棱，裂片5枚，两侧有具柄腺体①，结果时棱上生出鸡冠状凸起；花冠淡蓝紫色(①左上)，裂片5枚(①左上)；雄蕊几与花冠筒部等长或略短；蒴果暗红褐色，有5条淡色条纹。

生于路边、耕地和山坡草地。

鸡娃草茎具稀疏细小皮刺，上部叶有耳抱茎，花序含4～12个小穗，花萼具柄腺体，花冠淡蓝紫色，裂片5枚，蒴果。

密花香薷 唇形科 香薷属

Elsholtzia densa

Denseflower Elsholtzia │ mìhuāxiāngrú

1 2 3 4 5 6 7 8 9 10 11 12

一年生草本；茎直立，自基部多分枝①，茎及枝均四棱形；叶矩圆状披针形至椭圆形①②③，边缘在基部以上具锯齿①②③，侧脉6～9对；穗状花序长圆形或近圆形①②③，由密集的轮伞花序组成；最下的1对苞片与叶同形，向上呈苞片状；花萼钟状，萼齿5枚，后3齿稍长，果时花萼膨大；花冠淡紫色①②③，外密被具节疏柔毛，内面在花丝基部具不明显的小疏柔毛环，上唇直伸，顶端微凹，下唇3裂；雄蕊4枚，前对较长；花柱微伸出，先端相等2裂；小坚果近圆形。

生于山坡、荒地、田边。

密花香薷茎枝四棱形，叶对生，轮伞花序组成穗状花序，花冠淡紫色，唇形，雄蕊4枚，小坚果。

钝苞雪莲 瑞苓草　菊科 风毛菊属

Saussurea nigrescens

Obtusebract Snowlotus ｜ dùnbāoxuělián

多年生草本；茎上部紫色①；基生叶条状披针形①，中部和上部叶渐小，最上部叶小，顶端常紫色①；头状花序1～6个在顶端排成伞房状①；总苞顶端及边缘暗紫色①；花冠暗紫色①。

生于高山草坡。

相似种：紫苞风毛菊【*Saussurea purpurascens***，菊科 风毛菊属**】叶莲座状，条形②；头状花序单生②；总苞宽钟形或球状②，总苞片4层，外层卵状披针形，紫红色②；内层条形；花冠紫红色。生于高山灌丛。

褐花风毛菊【*Saussurea phaeantha***，菊科 风毛菊属**】基生叶披针形③，有细锐齿，茎生叶渐小，最上部叶卵形③，近膜质③，紫色③；头状花序5～15个在茎顶端密集成伞房状③；总苞片紫黑色③，被白色长柔毛③；花冠褐紫色。生于高山草地。

钝苞雪莲头状花序1～6个顶生；紫苞风毛菊头状花序单生；褐花风毛菊头状花序5～15个顶生。

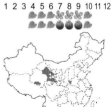

星状雪兔子 星状风毛菊　菊科 风毛菊属

Saussurea stella

Starry Snowrabbiten ｜ xīngzhuàngxuětùzi

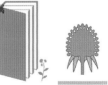

一年或二年生草本，几无茎①；叶多数，密集成星状莲座状①，草质，条形①，顶端钻状长渐尖，基部常扩大，紫红色①，全缘，两面无毛；头状花序，无梗，通常25～30个或更多数密集成圆球状①；总苞圆筒状，总苞片约5层，草质，顶端紫红色①，外层矩圆形，中层狭矩圆形，内层条形；花冠檐部狭钟状，长约为筒部之半；瘦果顶端有膜质的冠状边缘；冠毛白色，外层毛状，内层羽毛状。

生于高山草地、沼泽草地、河滩地。

星状雪兔子无茎，叶密集成星状莲座状，叶基部紫红色，头状花序，密集成圆球状。

水母雪兔子
水母雪莲　菊科 风毛菊属
Saussurea medusa

Medusa Snowrabbiten　| shuǐmǔxuětùzi

多年生草本；茎被蛛丝状绵毛①②；基部叶倒卵形或卵状菱形①②，上半部边缘有8～12个粗齿①②；上部叶渐小，两面被白色绵毛①②；头状花序密集成球状①②；总苞片有白色绵毛①②；小花紫色。

生于多砾石山坡、高山流石滩。

相似种：黑毛雪兔子【*Saussurea hypsipeta*，菊科 风毛菊属】茎直立③④，被淡褐色的茸毛；莲座状叶及下部茎叶狭倒披针形③，羽状浅裂③，最上部茎叶线状披针形，边缘全缘或有齿③④，被白色或淡黄褐色茸毛③④；头状花序密集于茎端成半球形③④；小花紫红色，有时白色③④。生境同上。

水母雪兔子基部叶卵状菱形，上部边缘有粗齿；黑毛雪兔子基生叶狭倒披针形，羽状分裂。

重齿风毛菊
菊科 风毛菊属
Saussurea katochaete

Double-serrate Windhairdaisy　| chóngchǐfēngmáojú

多年生草本；叶莲座状①②，叶片椭圆形、匙形或卵圆形①②，边缘有尖锯齿或重锯齿①②，上面绿色，无毛，下面白色，被白色茸毛；头状花序1个①②，单生于莲座状叶丛中；小花紫色①②；瘦果褐色。

生于山坡草地、河滩草甸、林缘。

相似种：尖苞风毛菊【*Saussurea kokonorensis*，菊科 风毛菊属】基生叶长椭圆形③④，羽状深裂或浅裂③④，侧裂片4～7对，集中在叶的中部以下，边缘全缘，顶裂片较大；叶两面异色，上面绿色，下面灰白色，被薄蛛丝状茸毛；头状花序单生茎端③；总苞片革质，先端钻形④，弯曲④；小花紫色③④。生境同上。

重齿风毛菊叶边缘有尖锯齿或重锯齿；尖苞风毛菊叶羽状深裂。

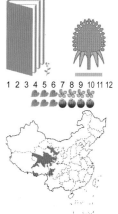

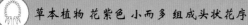

柳叶菜风毛菊　菊科　风毛菊属

Saussurea epilobioides

Willowweedleaf Windhairdaisy　│ liǔyècàifēngmáojú

多年生草本；茎无翅①；中下部茎叶线状长圆形①，基部成半抱茎小耳；上部茎叶小，与中下部茎叶同形，基部无明显小耳；头状花序在茎端排成密集的伞房花序①②；总苞片中外层顶端有黑绿色长钻状马刀形附属物②，附属物反折或稍弯曲，内层长圆形，顶端急尖或稍钝；小花紫色①②。

生于山坡。

相似种：小花风毛菊【*Saussurea parviflora***，菊科　风毛菊属】**下部茎叶椭圆形或长圆状椭圆形③④，基部沿茎下延成狭翼③④；上部茎叶渐小，无柄③④；头状花序在茎枝顶端排列成伞房状花序③④；总苞片顶端或全部暗黑色，小花紫色。生于山谷灌丛中、林下。

柳叶菜风毛菊茎无翅，总苞片外层和中层顶端有黑绿色长钻状马刀形附属物；小花风毛菊下部茎具翼，总苞片顶端无附属物。

葵花大蓟　聚头蓟　菊科　蓟属

Cirsium souliei

Soulie Thistle　│ kuíhuādàjì

多年生草本；根状茎粗，无茎或几无茎①；叶狭披针形或长椭圆状披针形①，长15～30厘米，有柄，羽状浅裂或深裂①；裂片长卵形，基部杂有小裂片，顶端和边缘具小刺①，上面绿色，下面淡绿色，两面被白色疏长柔毛；头状花序无梗或近无梗，数个集生于莲座状叶丛中①；总苞片披针形，顶端长刺尖，边缘中部或自基部起有小刺，最内层的顶端软；花冠紫红色①；瘦果长椭圆形，淡灰黄色。

生于山坡、草地。

葵花大蓟无茎，叶狭披针形，羽状浅裂或深裂，头状花序数个集生于莲座状叶丛中，花冠紫红色。

刺儿菜 小蓟 菊科 蓟属

Cirsium setosum

Setose Thistle | cìrcài

多年生草本；茎直立，基生叶和中部茎叶椭圆形③，通常无叶柄③；上部茎叶渐小，叶缘有细密的针刺，针刺紧贴叶缘，或叶缘有刺齿，或大部茎叶羽状浅裂或半裂或边缘粗大圆锯齿；全部茎叶两面同色，绿色或下面色淡；头状花序单生或在茎枝顶端排成伞房花序①②；总苞卵形、长卵形或卵圆形；总苞片约6层，覆瓦状排列；小花紫红色①②或白色；雌花花冠长2.4厘米，两性花花冠长1.8厘米；瘦果淡黄色，冠毛污白色。

生于山坡、荒地、田间。

刺儿菜叶椭圆形，叶缘有刺，头状花序单生或排成伞房花序，小花全为管状花，紫红色。

丝毛飞廉 菊科 飞廉属

Carduus crispus

Curly Plumeless Thistle | sīmáofēilián

茎有绿色翅①②，翅有齿刺①②；下部叶椭圆状披针形，羽状深裂①，裂片边缘具刺①，上面绿色具微毛或无毛，下面初时有蛛丝状毛，后渐变无毛；上部叶渐小；头状花序2～3个①②；总苞片外层较内层逐渐变短，中层条状披针形，顶端长尖成刺状②；花冠紫红色①②。

生于山坡、荒地、田间。

相似种：刺疙瘩【*Olgaea tangutica***，菊科 猬菊属】**叶近革质③；茎生叶基部沿茎下延成翼③，羽状浅裂③，裂片具刺齿③，上面绿色③，下面被灰白色茸毛③；头状花序单生枝端③，疏松排列，不成明显的伞房花序③；总苞片条状披针形④，革质，顶端针刺状，稍外反；花冠紫色③④。生于山坡、山谷灌丛或荒地。

丝毛飞廉茎叶草质，叶下面被蛛丝毛或无毛，总苞直径1.5～2.5厘米；刺疙瘩茎叶革质，叶下面被灰白色茸毛，总苞直径4～7厘米。

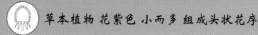
牛蒡 菊科 牛蒡属

Arctium lappa

Great Burdock │ niúbàng

二年生草本；茎直立①，粗壮，有多数条棱；基生叶宽卵形①，边缘稀疏的浅波状凹齿或齿尖，基部心形，两面异色，上面绿色，下面灰白色或淡绿色；茎生叶与基生叶同形或近同形①，接花序下部的叶小；头状花序多数或少数在茎枝顶端排成疏松的伞房花序或圆锥状伞房花序①②；总苞片多层，外层三角状或披针状钻形②③，中内层披针状或线状钻形②③，近等长，顶端有软骨质钩刺③；小花紫红色①②③；瘦果倒长卵形或偏斜倒长卵形。

生于山坡、林缘、村旁或荒地。

牛蒡叶宽卵形，头状花序，总苞片钻形，顶端有软骨质钩刺，小花紫红色。

缢苞麻花头 蕴苞麻花头 菊科 麻花头属

Serratula strangulata

Concracted Sawwort │ yìbāomáhuātóu

多年生草本；基生叶与下部茎叶大头羽状或羽状深裂①；中上部无叶或有1～2片线形不裂的小叶①；头状花序单生或少数单生茎顶①；总苞半圆球形或扁圆球形②，直径2.5（或2）～3.5厘米；总苞片约10层，内层及最内层苞片上部淡黄色②，硬膜质；全部小花管状，紫红色①②；瘦果。

生于路旁、山坡。

相似种：顶羽菊【*Acroptilon repens*，菊科 顶羽菊属】茎叶长椭圆形或匙形③，边缘全缘③；植株含多数头状花序③，在茎枝顶端排成伞房花序或伞房圆锥花序③；总苞直径0.5～1.5厘米；总苞片约8层，全部苞片具附属物④；全部小花管状，花冠粉红色或淡紫色③④。生于山坡、农田、荒地。

缢苞麻花头羽状深裂，总苞大，直径2.5（或2）～3.5厘米；顶羽菊叶全缘，总苞小，直径0.5～1.5厘米。

萎软紫菀　柔软紫菀　菊科 紫菀属

Aster flaccidus

Flaccid Aster ｜ wěiruǎnzǐwǎn

多年生草本；茎部叶3～5枚，长圆形或长圆披针形；上部叶小，线形；头状花序在茎端单生①；舌状花40～60朵①；舌片紫色①，条状披针形①；管状花黄色①。

生于高山、亚高山草坡。

相似种：狭苞紫菀【*Aster farreri*，菊科 紫菀属】 中部叶线状披针形②；上部叶小，线形②；头状花序在茎端单生②；舌状花约100朵或更多；舌片紫蓝色②③，线形②③；管状花黄色②③。生于灌丛、林下、高山草甸。

阿尔泰狗娃花【*Heteropappus altaicus*，菊科 狗娃花属】 叶条形、倒披针形或近匙形④；舌状花浅蓝紫色④；管状花黄色④，有5裂片，其中1裂片较长。生于草原、荒漠地、沙地。

萎软紫菀舌状花片长10～15毫米，管状花裂片辐射对称；狭苞紫菀舌状花片长15～25毫米，管状花裂片辐射对称；阿尔泰狗娃花管状花两侧对称。

长茎飞蓬　菊科 飞蓬属

Erigeron elongatus

Longstem Fleabane ｜ chángjīngfēipéng

多年生草本；茎直立，中部以上分枝，带紫色或少有绿色③，疏被微毛；叶全缘，质较硬；基生叶集成莲座状，花后枯萎，倒披针形或矩圆形，基部下延成叶柄；中部以上叶无叶柄①，顶端急尖；头状花序通常较少数，排成伞房状圆锥状①②；总苞半球形，总苞片3层，条状披针形，紫色①②③，被腺毛②③；舌状花二型：外围舌状，长不超过筒状花或等长，淡紫色①②③，内层细筒状，无色；两性花筒状，黄色，上端裂片暗紫色；瘦果矩圆形状披针形；冠毛白色，2层。

生于山坡草地、沟边及林缘。

长茎飞蓬倒披针形或矩圆形，全缘，头状花序，舌状花二型，外围淡紫色，内层无色，两性花筒状，黄色。

乳苣 蒙山莴苣　菊科 乳苣属
Mulgedium tataricum

Milklettuce ｜ rǔjù

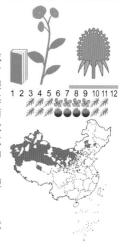

多年生草本；茎直立；中下部茎叶长椭圆形或线状长椭圆形或线形④，羽状浅裂或半裂或边缘有多数或少数大锯齿④，侧裂片2～5对④，中部侧裂片较大，向两端的侧裂片渐小；中部以上的叶与中部茎叶同形或宽线形④，但渐小；全部叶质地稍厚，两面光滑无毛；头状花序约含20枚小花，全部为舌状花①②④；在茎枝顶端排成圆锥花序①②④；总苞圆柱状或楔形①；总苞片4层①，中外层较小，卵形至披针状椭圆形，内层披针形或披针状椭圆形，带紫红色①；舌状小花紫色或紫蓝色①②③；瘦果。

生于河滩、草甸、固定沙丘或砾石地。

乳苣茎叶长椭圆形，羽状浅裂或大锯齿，头状花序约含20枚小花，舌状小花紫色。

窄叶小苦荬 多色苦荬　菊科 小苦荬属
Ixeridium gramineum

China Ixeris ｜ zhǎiyèxiǎokǔmǎi

多年生草本；茎低矮，主茎不明显，自基部多分枝①；基生叶匙状长椭圆形、披针形、倒披针形或线形①，边缘全缘或有尖齿或羽状浅裂或深裂，侧裂片1～7对，中裂片较大，向两侧的侧裂片渐小；茎生叶少数，1～2枚，通常不裂，较小，与基生叶同形，基部无柄；头状花序多数①，在茎枝顶端排成伞房花序或伞房圆锥花序，含15～27枚舌状小花②③；总苞片2～3层，外层及最外层小，宽卵形，内层长，线状长椭圆形；舌状小花黄色（另见168页），有时白色或红色①②③；瘦果红褐色。

生于山坡草地、林缘、荒地及沙地。

窄叶小苦荬基生叶匙状长椭圆形至线形，全缘至深裂，头状花序含15～27枚舌状小花，小花黄色，有时白色或红色。

红花绿绒蒿　　罂粟科 绿绒蒿属

Meconopsis punicea

Red Meconopsis ｜ hónghuālǜrónghāo

多年生草本：叶全部基生①③，莲座状，叶片倒披针形或狭倒卵形①③，边缘全缘，两面密被淡黄色或棕褐色、具多短分枝的刚毛，明显具数条纵脉；花葶1～6条①③，从莲座叶丛中生出，被棕黄色、具分枝且反折的刚毛②；花单生于基生花葶上①②③，下垂①②③；萼片卵形，外面密被淡黄色或棕褐色、具分枝的刚毛；花瓣4枚，有时6枚，深红色①②③；花丝粉红色，花药黄色；子房密被淡黄色、具分枝的刚毛，花柱极短，柱头4～6圆裂；蒴果椭圆状长圆形，无毛或密被淡黄色、具分枝的刚毛。

生于山坡草地。

红花绿绒蒿叶基生，花单生于花葶上，下垂，花瓣4枚，有时6枚，深红色，蒴果长圆形。

山丹　　线叶百合　　百合科 百合属

Lilium pumilum

Coral Lily ｜ shāndān

多年生草本；鳞茎圆锥形或长卵形，具薄膜；鳞茎瓣矩圆形或长卵形，长2～3.5厘米，白色；叶条形①，长3～10厘米，无毛，有1条明显的脉；花1至数朵，下垂，鲜红色或紫红色①②③，花被片长3～4.5厘米，内花被片较宽，反卷，无斑点或有少数斑点，蜜腺两边密被毛，无或有不明显的乳头状凸起；花丝长2.5～3厘米，无毛；雄蕊6枚①②③，花药长椭圆形，黄色，具红色花粉粒；子房圆柱形，长9毫米；花柱比子房长1.5～2倍；蒴果近球形。

生于山坡。

山丹叶条形，花被6枚，鲜红色或紫红色，雄蕊6枚，蒴果近球形。

苦马豆 泡泡豆　豆科 苦马豆属

Sphaerophysa salsula

Bitterhousebean | kǔmǎdòu

半灌木或多年生草本，茎直立或下部匍匐；托
叶线状披针形、三角形至钻形，自茎下部至上部渐
变小；羽状复叶③，小叶11～21片③，倒卵形
至倒卵状长圆形③，先端微凹至圆，具尖头；
总状花序常较叶长①，生6～16朵花；花萼钟状，
萼齿三角形，上边2齿较宽短，其余较窄长；花冠
初呈鲜红色①②，后变紫红色，旗瓣瓣片近圆形，
向外反折①②，先端微凹②；子房近线形，花柱弯
曲，仅内侧疏被纵列髯毛，柱头近球形；荚果椭圆
形至卵圆形③，膨胀③，果瓣膜质；种子肾形至近
半圆形，褐色。

生于草原、荒地、沟渠旁及盐池周围。

苦马豆羽状复叶，小叶11～21片，总状花序，
花蝶形，红色，荚果椭圆形至卵圆形，膨胀，果瓣
膜质。

地榆 黄瓜香　蔷薇科 地榆属

Sanguisorba officinalis

Official Burnet | dìyú

多年生草本；茎直立，有棱，基生叶为羽状复
叶③④，有小叶4～6对③；小叶片有短柄③，卵形
或长圆状卵形③④，顶端圆钝稀急尖，基部心形至
浅心形③，边缘有多数粗大圆钝稀急尖的锯齿③；
茎生叶较少，长圆形至长圆状披针形；基生叶托叶膜
质，茎生叶托叶草质；穗状花序椭圆形、圆柱形或
卵球形①②，直立，从花序顶端向下开放②；萼片
4枚，紫红色①②，花瓣状，椭圆形至宽卵形；无
花瓣；雄蕊4枚；柱头顶端扩大，边缘具流苏状乳
头；果实包藏在宿存萼筒内。

生于草原、草甸、山坡草地、灌丛。

地榆基生叶为羽状复叶，有小叶4～6对，穗状
花序，萼片4枚，紫红色，花瓣状，雄蕊4枚。

草本植物 花红色 小而多 组成穗状花序

萹蓄　蓼科 蓼属

Polygonum aviculare

Prostrate Knotweed │ biǎnxù

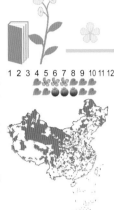

一年生草本；茎平卧或上升，自基部分枝，有棱角；叶有极短柄或近无柄，叶片狭椭圆形或披针形①②③，顶端钝或急尖，基部楔形，全缘①②③；托叶鞘膜质②，下部褐色，上部白色透明，有不明显脉纹；花腋生①②，1～5朵簇生叶腋①②，遍布于全植株；花梗细而短，顶部有关节；花被5深裂①②，裂片椭圆形，绿色②，边缘白色或淡红色②；雄蕊8枚②；花柱3枚；瘦果卵形，有3棱，黑色或褐色。

生于田边、沟边湿地。

萹蓄叶狭椭圆形或披针形，花腋生，花被5深裂，绿色，边缘白色或淡红色。

五福花　五福花科 五福花属

Adoxa moschatellina

Muskroot │ wǔfúhuā

多年生矮小草本；茎单一，纤细，有长匍匐枝；基生叶1～3枚，为一至二回三出复叶；小叶片宽卵形或圆形，3裂；茎生叶2枚①②，对生①②，3深裂②，裂片再3裂；花序有限生长，5～7朵花成顶生聚伞性头状花序①②，无花柄；花黄绿色①②；花萼浅杯状，顶生花的花萼裂片2枚，侧生花的花萼裂片3枚；花冠辐状，顶生花的花冠裂片4枚①②，侧生花的花冠裂片5枚；内轮雄蕊退化为腺状乳突，外轮雄蕊在顶生花为4枚①②，在侧生花为5枚，花丝2裂几至基部，花药单室，纵裂；花柱在顶生花为4枚，侧生花为5枚；核果。

生于林下、林缘或草地。

五福花茎生叶2枚，对生，3辐射，5～7朵花成顶生聚伞性头状花序，花黄绿色，花冠裂片4或5枚，核果。

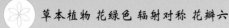

大苞黄精

百合科 黄精属

Polygonatum megaphyllum

Largeleaf Landpick | dàbāohuángjīng

多年生草本，茎高15～30厘米；根状茎通常具瘤状结节而呈不规则的连珠状或圆柱形；除花和茎的下部外，其他部分疏生短柔毛；叶互生，狭卵形、卵形或卵状椭圆形①，长3.5～8厘米；花序通常具2朵花，顶端有3～4枚叶状苞片①；苞片卵形或狭卵形①，长1～3厘米；花被淡绿色，全长11～19毫米，裂片长约3毫米；花丝长约4毫米，稍两侧扁，近平滑，花药约与花丝等长；子房长3～4毫米；浆果球形，成熟时黑色。

生于山坡、林下。

大苞黄精叶互生，花序通常具2朵花，顶端有3～4枚叶状苞片，花被淡绿色，浆果球形。

角盘兰

兰科 角盘兰属

Herminium monorchis

Common Herminium | jiǎopánlán

陆生兰，高5.5～35厘米；块茎球形；下部生2～3枚叶，叶狭椭圆状披针形或狭椭圆形①；总状花序圆柱状①②；花瓣向顶端渐狭，或在中部3裂②；唇瓣与花瓣等长，基部凹陷，近中部3裂，中裂片条形，侧裂片三角形，较中裂片短得多；退化雄蕊2枚；柱头2枚。

生于山坡草地。

相似种:裂瓣角盘兰【*Herminium alaschanicum***,兰科 角盘兰属】**下部有2～4枚较密生的叶，叶狭椭圆状披针形；总状花序圆柱形③④；唇瓣基部凹陷具距，近中部3裂；距明显；退化雄蕊2枚；柱头2裂。生境同上。

角盘兰叶2枚，稀3枚，唇瓣无距；裂瓣角盘兰叶2～4枚，唇瓣有距。

火烧兰
兰科 火烧兰属

Epipactis helleborine

Common Epipactis | huǒshāolán

陆生兰，高20~65厘米；茎上部具短柔毛，下部有3~4枚鞘；叶2~5(或7)枚，互生，卵形至卵状披针形；总状花序具3~45朵花①②；花苞片叶状①②，卵形至披针形，下部的常比花长，上部较短；花绿色①②③至淡紫色，下垂①②，稍开放；中萼片卵状披针形、舟状；侧萼片和中萼片相似，但稍斜歪；花瓣较小，卵状披针形；唇瓣后部杯状③，半球形；前部三角形、卵形至心形③，常在近基部处有2枚平滑或稍皱缩的凸起③；子房倒卵形①②，无毛。

生于林下、草坡。

火烧兰具2至数枚叶片，叶互生，总状花序顶生，花绿色至淡紫色。

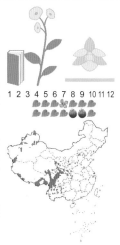

高山鸟巢兰
兰科 鸟巢兰属

Neottia listeroides

Alpine Nestorchid | gāoshānniǎocháolán

腐生兰，高15~35厘米；总状花序花多数较紧密①②③，花序轴被乳突；萼片卵形，侧萼片斜歪；花瓣舌状，和萼片等长但较狭；唇瓣狭楔状倒卵形②③，顶端2裂②③，裂片间具细尖，裂片近卵形或卵状披针形，边缘具乳突状细缘毛；子房棒状。

生于林下、草地阴处。

相似种：北方鸟巢兰【*Neottia camtschatea*，兰科 鸟巢兰属】总状花序花疏散④；花绿色④，中萼片舌状；侧萼片和中萼片相似，稍斜歪；花瓣条形，较萼片短；唇瓣近狭楔形④，顶端2深裂④，基部上面具2枚褶片；子房椭圆形。生境同上。

高山鸟巢兰花序花紧密，唇瓣顶端裂片约为唇瓣全长的1/4~1/3；北方鸟巢兰花序花疏散，唇瓣顶端裂片约为唇瓣全长的1/2。

对叶兰　兰科 对叶兰属

Listera puberula

Common Listera ｜ duìyèlán

　　陆生兰，高10～20厘米；茎纤细，具2枚对生叶①④，叶以上的部分被短柔毛；叶生于茎中部，心形、阔卵形或阔卵状三角形①④；总状花序具4～7朵稀疏的花①②；花苞片披针形；花绿色①②，无毛；中萼片卵状披针形；侧萼片卵状披针形，与中萼片等长；花瓣条形；唇瓣近狭倒卵状楔形②，外侧边缘多少具乳突状细缘毛，顶端有不明显钝齿，2裂片叉开或几并行；合蕊柱稍弯曲，蕊喙宽卵形；子房纺锤形③。

　　生于林下阴处。

　　对叶兰叶2枚，对生，叶生于茎中部，心形、阔卵形或阔卵状三角形，总状花序顶生，花绿色。

沼兰　兰科 沼兰属

Malaxis monophyllos

Bogorchis ｜ zhǎolán

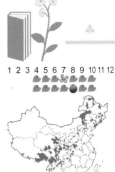

　　陆生兰，高9～35厘米；叶1～2枚①，基生，常1枚较大，另1枚较小，狭椭圆形至卵状椭圆形或卵状披针形①；总状花序①②；花苞片钻形或披针形；花很小，黄绿色①②；中萼片条状披针形，外折；侧萼片和中萼片相似，但直立；花瓣条形，常外折，唇瓣位于上方，宽卵形，顶端骤尖而呈尾状，尾长占1/3～1/2，凹陷，上部边缘外折并具疣状凸起，基部两侧各具1片耳状侧裂片；蕊柱短，有短柄；蒴果倒卵形③。

　　生于林下、草坡。

　　沼兰基生叶1～2枚，狭椭圆形至卵状椭圆形，总状花序，花很小，黄绿色。

蜻蜓兰

兰科 蜻蜓兰属

Tulotis fuscescens

Dragonflyorchis | qīngtínglán

陆生兰，高24~50厘米；根状茎短，根粗，肉质，或多或少呈指状；茎直立；具1~3枚叶③，叶倒卵形至椭卵形③；总状花序①，具多数花；花苞片狭披针形①②，常长于子房；花小，淡绿色①②；中萼片卵形，侧萼片斜椭圆形，边缘外卷而呈舟状，较中萼片长而狭；花瓣较狭；唇瓣舌状披针形①②，基部两侧各具1枚三角形的小裂片，中裂片舌状，顶端稍狭；距细长，弧曲②，几与子房等长，向顶端增厚；合蕊柱顶端两侧各具1枚钻状退化雄蕊①②。

生于林下。

蜻蜓兰具1~3枚叶，互生，叶倒卵形至椭卵形，总状花序，花淡绿色，距细长。

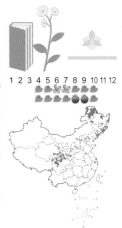

羊耳蒜

兰科 羊耳蒜属

Liparis japonica

Japan Liparis | yáng'ěrsuàn

陆生兰；叶2枚①，卵形、卵状长圆形或近椭圆形①，边缘皱波状或近全缘；总状花序具数朵至10余朵花①②；花通常淡绿色，有时可变为粉红色或带紫红色①②；花瓣丝状；唇瓣近倒卵形①②，先端具短尖；合蕊柱上端略有翅，基部扩大。

生于林下灌丛中、草地荫蔽处。

相似种：二叶舌唇兰【*Platanthera chlorantha*，兰科 舌唇兰属】基部叶片2枚④，对生，椭圆形或倒披针状椭圆形④；总状花序③；花绿白色或白色③；唇瓣向前伸，舌状（③左下），距棒状圆筒形③，水平或斜向下伸展③。生于山坡林下、草丛中。

羊耳蒜唇瓣近倒卵形，无距；二叶舌唇兰唇瓣舌状，距棒状圆筒形。

凹舌兰 兰科 凹舌兰属

Coeloglossum viride

Coeloglossum | āoshélán

陆生兰，高15~45厘米；茎基部具2~3枚鞘，鞘之上具叶①；中部至上部具3~4枚叶①，叶椭圆形或椭圆状披针形①，基部收缩成鞘抱茎；总状花序①②③，花苞片条形或狭披针形①②③，明显较花长；花绿色或绿黄色①②③④；萼片基部合生，卵状椭圆形④；花瓣条状披针形④；唇瓣紫褐色①②④，倒披针形，基部具囊状距，在近基部的中央有1短褶片，顶端3浅裂④，中裂片小④，钝三角形；花药较大，生于蕊柱顶端①②，2室③，基部叉开；蒴果直立，椭圆形。

生于林下、林缘湿地。

凹舌兰茎具3~4枚叶，叶椭圆形或椭圆状披针形，总状花序，花绿色或绿黄色，唇瓣顶端3浅裂。

麻叶荨麻 焮麻 荨麻科 荨麻属

Urtica cannabina

Hempleaf Nettle | máyèqiánmá

多年生草本；茎有棱，生螫毛和紧贴的微柔毛②；叶对生②，叶片3深裂或3全裂①②，一回裂片再羽状深裂，两面疏生短柔毛，下面疏生螫毛②；雌雄同株或异株；雄花序多分枝，花被片4枚，雄蕊4枚；雌花花被片花后增大，有短柔毛和少数螫毛，柱头画笔头状；瘦果卵形。

生于草原、坡地、河漫滩、溪旁。

相似种：毛果荨麻【 *Urtica triangularis* subsp. *trichocarpa*，荨麻科 荨麻属**】**叶卵形至披针形③④，边缘具粗齿③④；花被片4枚，卵形，外面的2枚比里面的2枚小，果序多少下垂。生境同上。

麻叶荨麻叶片3深裂或3全裂；毛果荨麻叶片不裂，边缘具粗齿。

反枝苋　苋科　苋属

Amaranthus retroflexus

Redroot Amaranth ｜ fǎnzhīxiàn

一年生草本；茎直立，粗壮，单一或分枝①，淡绿色；叶菱状卵形或椭圆状卵形①③，顶端锐尖或尖凹，有小凸尖，全缘或波状缘①③，两面及边缘有柔毛，下面毛较密；圆锥花序顶生及腋生①③，直立，由多数穗状花序形成，顶生花穗较侧生者长①②；苞片及小苞片钻形，白色，背面有1龙骨状凸起，伸出顶端成白色尖芒；花被片5枚，薄膜质，白色；柱头3枚，有时2枚；胞果扁卵形，薄膜质，淡绿色，包裹在宿存花被片内；种子近球形，棕色或黑色。

生于田园内、农地旁、瓦房上。

反枝苋叶菱状卵形或椭圆状卵形，多数穗状花序形成圆锥花序，花被片5枚，薄膜质，胞果。

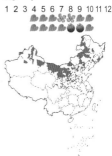

巴天酸模　蓼科　酸模属

Rumex patientia

Patience Dock ｜ bātiānsuānmó

多年生草本；基生叶片矩圆状披针形①，全缘或边缘波状；托叶鞘膜质；大型圆锥花序①，花两性；花被片6枚，成2轮，果时内轮花被片增大；瘦果3棱②。

生于河滩、沟边湿地。

相似种：水生酸模【*Rumex aquaticus***，蓼科　酸模属】**花序圆锥状③，狭窄，分枝近直立③；花两性；花梗纤细，丝状④；外花被片长圆形，内花被片果时增大④，边缘近全缘，全部无小瘤④。生境同上。

尼泊尔酸模【*Rumex nepalensis***，蓼科　酸模属】**基生叶长圆状卵形⑤；花序圆锥状⑤；花两性，花被片6枚，成2轮；内花被片果时增大⑥，边缘每侧具7～8刺状齿⑥，顶端成钩状⑥。生于路旁、草地。

巴天酸模内花被片果期全缘，背面中脉全部或下部具疣状凸起；水生酸模内花被片果期全缘，背面中脉不具疣状凸起；尼泊尔酸模内花被片边缘果期具刺状齿。

藜 灰灰菜 藜科 藜属

Chenopodium album

Lamb's Quarters | lí

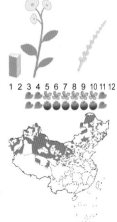

　　一年生草本；茎有棱和绿色或紫红色的条纹，多分枝；叶片菱状卵形至披针形①②，边缘常有不整齐的锯齿①②，下面生粉粒，灰绿色；花两性，数个集成团伞花簇，多数花簇排成腋生或顶生的圆锥状花序①②；花被片5枚；雄蕊5枚；柱头2枚。

　　生于路旁、荒地及田间。

　　相似种：灰绿藜【*Chenopodium glaucum***，藜科藜属】**茎有绿色或紫红色条纹③④⑤；叶矩圆状卵形至披针形③④⑤，边缘有波状齿③④⑤，上面深绿色③④⑤，下面灰白色或淡紫色，密生粉粒；花序穗状或复穗状③④；花两性和雌性；花被片3或4枚；雄蕊1～2枚。生境同上。

　　藜叶菱状卵形至披针形，边缘有不整齐锯齿，花被片5枚；灰绿藜叶矩圆状卵形至披针形，边缘有波状齿，花被片3或4枚。

1 2 3 4 5 6 7 8 9 10 11 12

1 2 3 4 5 6 7 8 9 10 11 12

杂配藜 大叶藜 藜科 藜属

Chenopodium hybridum

Mapleleaf Goosefoot | zápèilí

　　一年生草本；茎直立①，粗壮，具淡黄色或紫色条棱，上部有疏分枝①；叶大型，叶片宽卵形或卵状三角形①②④，两面均呈亮绿色，边缘有不整齐的裂片①②④，裂片2～3对，不等大；上部叶较小，叶片多呈三角状戟形③，边缘有较少数的裂片状锯齿，有时几全缘；花两性兼有雌性，通常数个团集③，在分枝上排列成开散的圆锥状花序③；花被裂片5枚，边缘膜质；雄蕊5枚；胞果双凸镜状；果皮膜质，有白色斑点；种子黑色；胚环形。

　　生于林缘、山坡。

　　杂配藜叶宽卵形或卵状三角形，边缘有不整齐的裂片，花被裂片5枚，雄蕊5枚，胞果，胚环形。

1 2 3 4 5 6 7 8 9 10 11 12

菊叶香藜　　藜科 刺藜属

Dysphania schraderiana

Daisyleaf Goosefoot | júyèxiānglí

　　一年生草本，疏生腺毛；全株有强烈气味；茎有纵条纹；叶片矩圆形，羽状浅裂至深裂①②③，上面深绿色，几无毛，下面浅绿色，生有节的短柔毛和棕黄色的腺点；花两性，单生于二歧分枝叉处和枝端②，形成二歧聚伞花序，多数二歧聚伞花序再集成塔形圆锥状花序④；花被片5枚，背面有刺突状的隆脊和黄色腺点，果后花被开展；雄蕊5枚；胞果扁球形，果皮薄，与种子紧贴。

　　生于林缘草地、沟岸、田边。

　　菊叶香藜有强烈气味，叶片矩圆形，羽状浅裂至深裂，二歧聚伞花序。

平车前　　车前科 车前属

Plantago depressa

Depressed Plantain | píngchēqián

　　一年生草本；直根；基生叶直立或平铺①，椭圆形、椭圆状披针形或卵状披针形①，边缘有远离小齿或不整齐锯齿①；穗状花序顶端花密生①②，下部花较疏；雄蕊稍超出花冠②；蒴果圆锥状。

　　生于草地、田间、路旁。

　　相似种：大车前【*Plantago major***，车前科 车前属】**根状茎短粗，须根；基生叶卵形或宽卵形④；穗状花序花密生③。生境同上。

　　小车前【*Plantago minuta***，车前科 车前属】**全株密生柔毛⑤，有时近无毛；直根细长；基生叶线形、狭披针形或狭匙状线形⑤；穗状花序短圆柱状至头状（⑤右上）。生于沙地、河滩、盐碱地。

　　平车前直根，叶椭圆形或椭圆状披针形；大车前须根，叶卵形或宽卵形；小车前直根细长，叶条形。

圆萼刺参 藜苓草 川续断科 刺续断属

Morina chinensis

China Morina | yuán'ècì shēn

多年生草本；茎有明显纵沟①，下部光滑，紫色①，上部通常带紫色；基生叶6～8枚，簇生，线状披针形，质地较坚硬，边缘具不整齐的浅裂片，裂片边缘有3～9枚硬刺；茎生叶与基生叶相似，比较短，4～6片叶(通常4片)轮生①，裂片边缘具硬刺①；轮伞花序顶生，紧密穗状①②；花后各轮疏离，每轮有总苞片4枚，总苞片叶状①，边缘具密集的刺；小总苞隐藏于总苞之内，边缘有10条以上硬刺；花萼二唇形，每唇片先端2裂；花冠二唇形，淡绿色；雄蕊4枚，上面2枚能育，下面2枚退化；瘦果长圆形。

生于高山草坡灌丛。

圆萼刺参生叶4～6片叶轮生，具不整齐浅裂片，裂片边缘有3～9枚硬刺，轮伞花序紧密成穗状，花冠二唇形，淡绿色，雄蕊4枚，瘦果。

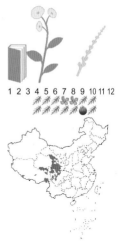

1 2 3 4 5 6 7 8 9 10 11 12

一把伞南星 天南星科 天南星属

Arisaema erubescens

One umbrella Southstar | yì bǎ sǎn nán xīng

多年生草本；叶1片③，放射状分裂③，裂片无定数，披针形、长圆形至椭圆形③，无柄；叶中部以下具鞘，鞘部粉绿色，上部绿色；花序柄比叶柄短；佛焰苞绿色①；喉部边缘截形或稍外卷①；肉穗花序①，单性；雄花序的附属器下部光滑或有少数中性花；雌花序具多数中性花；雄花具短柄，淡绿色、紫色至暗褐色，雄蕊2～4枚；雌花柱头无柄，子房卵圆形；果序柄下弯或直立②，成熟时浆果红色。

生于林下、灌丛、草坡、荒地。

一把伞南星叶1片，叶片放射状分裂，裂片无定数，佛焰苞绿色，肉穗花序单性，成熟时浆果红色。

1 2 3 4 5 6 7 8 9 10 11 12

白莲蒿 铁秆蒿 菊科 蒿属

Artemisia sacrorum

Messerschmidt's Wormwood | báiliánhāo

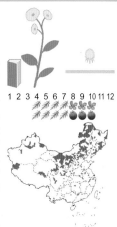

1 2 3 4 5 6 7 8 9 10 11 12

半灌木状草本；茎多数，常组成小丛①，褐色或灰褐色，具纵棱，下部木质；茎下部与中部叶长卵形、三角状卵形或长椭圆状卵形①②，二至三回栉齿状羽状分裂①②，第一回全裂，每侧有裂片3～5枚①②，每裂片再次羽状全裂①②；上部叶略小，一至二回栉齿状羽状分裂；苞片叶栉齿状羽状分裂或不分裂，为线形或线状披针形③；头状花序近球形③，下垂，在分枝上排成穗状花序式的总状花序③，并在茎上组成密集或略开展的圆锥花序③；总苞片3～4层；雌花10～12朵；两性花20～40朵，花柱与花冠管近等长，先端2叉，瘦果。

生于山坡、路旁、灌丛地及森林草原。

白莲蒿半灌木状草本，叶二至三回栉齿状羽状分裂，头状花序近球形。

臭蒿 牛尾蒿 菊科 蒿属

Artemisia hedinii

Hedin Sagebrush | chòuhāo

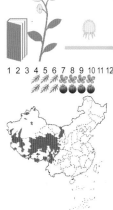

1 2 3 4 5 6 7 8 9 10 11 12

一年生草本；植株有浓烈臭味；叶绿色，背面微被腺毛状短柔毛；基生叶多数，密集成莲座状①，二回栉齿状羽状分裂①，每侧有裂片20余枚，裂片再次羽状深裂或全裂；茎下部与中部叶二回栉齿状羽状分裂①，第一回全裂，每侧裂片5～10枚，每裂片具多枚小裂片；上部叶与苞片叶渐小，一回栉齿状羽状分裂②③④；头状花序半球形或近球形②③④，在茎端及短的花序分枝上排成密穗状花序，并在茎上组成密集、狭窄的圆锥花序②③④；总苞片3层；雌花3～8朵，花柱微伸出花冠外；两性花15～30朵，花冠檐部紫红色；瘦果。

生于河滩、砾质坡地、田边、路旁。

臭蒿植株有浓烈臭味，叶一至二回栉齿状羽状分裂，头状花序半球形或近球形。

大麻 火麻 桑科 大麻属

Cannabis sativa

Cannabis | dàmá

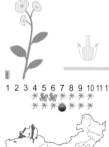

一年生直立草本，栽培或野生；叶掌状全裂①，裂片披针形或线状披针形①，中裂片最长，先端渐尖，基部狭楔形，表面微被糙毛，背面幼时密被灰白色贴状毛后变无毛，边缘具向内弯的粗锯齿①，中脉及侧脉在表面微下陷，背面隆起；花单性异株；雄花黄绿色②，花被5枚，膜质，雄蕊5枚，花丝极短；雌花绿色；花被1枚，紧包子房；子房近球形，外面包于苞片；瘦果为宿存黄褐色苞片所包，果皮坚脆，表面具细网纹。

生于山地河谷、荒地及耕地。

大麻叶掌状全裂，花单性异株，雄花花被5枚，膜质，雌花花被1枚，紧包子房，瘦果。

少花冷水花 荨麻科 冷水花属

Pilea pauciflora

Fewflower Coldwaterflower | shǎohuā lěngshuǐhuā

一年生小草本；茎纤细，肉质；叶同对的近等大，圆卵形或宽卵形①②③，边缘下部以上有3~5(或7)枚钝圆齿①②③，下部的叶较小，常全缘；托叶薄膜质②，淡绿褐色②，宿存；雌雄同株并同序，稀异株；花序生于每个叶腋，密集成簇生状或短的蝎尾状；雄花花被片2枚，僧帽状，外面近先端处有短角；雄蕊2枚，退化雌蕊不明显；雌花花被片3枚，极不等大，中间的1枚最长，近船形，外面近先端处有长的角突，果时增大，侧生的2枚膜质，极小，果时几不增大；瘦果三角状卵形，米黄色，熟时变褐色。

生于林下阴湿处。

少花冷水花叶对生，圆卵形或宽卵形，边缘具圆齿，花序生于叶腋，花被片2或3枚。

长柄唐松草 拟散花唐松草 毛茛科

Thalictrum przewalskii 唐松草属

Longstalk Meadowrue | chángbǐngtángsōngcǎo

多年生草本；茎高50～120厘米，通常分枝；基生叶和近基部的茎生叶在开花时枯萎；茎下部叶四回三出复叶④，小叶薄草质，顶端钝或圆形，顶生小叶3裂达中部③④；花序圆锥状①②；萼片花瓣状②，白色②或稍带黄色，有3脉，早落；无花瓣；雄蕊多数①②，花药长圆形，比花丝宽，花丝白色①②，上部线状倒披针形，下部丝形；心皮4～9枚，子房具细柄，花柱与子房等长；瘦果斜倒卵形③，扁平③，有4条纵肋，有宿存花柱③。

生于山地林边、草地阴处。

长柄唐松草茎下部叶四回三出复叶，萼片花瓣状，白色，无花瓣，瘦果斜倒卵形，扁平，有宿存花柱。

瓣蕊唐松草 马尾黄连 毛茛科 唐松草属

Thalictrum petaloideum

Petalformed Meadowrue | bànruǐ tángsōngcǎo

基生叶三至四回三出羽状复叶②；顶生小叶3浅裂至3深裂②；花序伞房状；萼片4枚，白色，早落；雄蕊多数①，花药狭长圆形①，花丝上部倒披针形①，比花药宽①；心皮4～13枚①，花柱短；瘦果卵形①，有8条纵肋，具宿存花柱①。

生于山坡草地。

相似种：贝加尔唐松草【*Thalictrum baicalense***，毛茛科 唐松草属】**茎中部叶三回三出复叶④；顶生小叶3浅裂④，裂片有圆齿；花序圆锥状；萼片4枚，绿白色，早落；雄蕊15(或10)～20枚③，花药长圆形，花丝上部狭倒披针形③，与花药近等宽，下部丝形；心皮3～7枚③④，花柱直；瘦果卵球形或宽椭圆球形③④。生于山地林下或湿润草坡。

瓣蕊唐松草花丝上部比花药宽；贝加尔唐松草花丝上部与花药近等宽。

亚欧唐松草

欧亚唐松草　毛茛科　唐松草属

Thalictrum minus

Low Meadowrue　|　yà'ōutángsōngcǎo

茎中部叶四回三出羽状复叶(②右)；顶生小叶3浅裂或有疏齿(②右)；圆锥花序①；萼片4枚，淡黄绿色①；雄蕊多数①，花药狭长圆形，顶端有短尖头；瘦果狭椭圆球形(②左)。

生于山地草坡、田边、灌丛中。

相似种：展枝唐松草【*Thalictrum squarrosum*，毛茛科　唐松草属】茎下部及中部叶二至三回羽状复叶④；顶生小叶3浅裂④，裂片全缘④或有2~3个小齿；花序近二歧状分枝③；萼片4枚，淡黄绿色③；雄蕊5~14枚③，花药有短尖头(③右上)；瘦果狭倒卵球形或近纺锤形。生于平原草地、田边或干燥草坡。

亚欧唐松草圆锥花序呈塔形；展枝唐松草花序分枝近两叉状，向斜上方开展，整个花序较宽而短，不呈塔形。

长喙唐松草

毛茛科　唐松草属

Thalictrum macrorhynchum

Petalformed Meadowrue　|　chánghuìtángsōngcǎo

多年生草本；基生叶和茎下部叶有较长柄，上部叶有短柄，为二至三回三出复叶；圆锥状花序稀疏分枝①；萼片花瓣状，白色；花瓣无；花丝白色①，中部以上扩大①；花柱拳卷(①左上)；瘦果狭卵球形②，先端具细长而向外卷曲的喙②。

生于山地草坡、林缘。

相似种：钩柱唐松草【*Thalictrum uncatum*，毛茛科　唐松草属】茎下部叶有长柄，为四至五回三出复叶；顶生小叶3浅裂③；花序狭长，似总状花序③；萼片4枚，淡紫色；雄蕊约10枚；心皮6~12枚，花柱顶端稍弯曲；瘦果扁平④，半月形④，宿存花柱顶端拳卷④。生于山地草坡或灌丛。

长喙唐松草瘦果狭卵球形，先端具细长而向外卷曲的喙；钩柱唐松草瘦果扁平，半月形，宿存花柱顶端拳卷。

星叶草　毛茛科 星叶草属

Circaeaster agrestis

Field Circaeaster ｜ xīngyècǎo

一年生小草本，高3～9厘米；宿存的2枚子叶和叶簇生于植株顶部①②③④；子叶条形或披针状条形①③，无毛；叶菱状倒卵形、匙形或楔形①②③④，长0.35～2.3厘米，宽1～11毫米，具齿，齿顶端有刺状短尖③④，无毛，脉二叉状分枝；花小，在叶腋簇生；萼片2～3枚，狭卵形，长约0.4毫米，无毛；无花瓣；雄蕊2～3枚；心皮1～3枚，狭长，柱头无柄，胚珠1枚，生于子房室的顶部；果不开裂，狭矩圆形②③④，长约3毫米，有钩状毛。

生于沟边、林中、草地。

星叶草宿存的2枚子叶和叶簇生于植株顶部，叶菱状倒卵形、匙形或楔形，花小，无花瓣，果狭矩圆形。

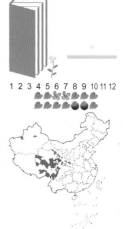

升麻　绿升麻　毛茛科 升麻属

Cimicifuga foetida

Skunk Bugbane ｜ shēngmá

多年生草本；茎分枝，被短柔毛；叶为二至三回三出羽状复叶③；茎下部叶三角形；顶生小叶具长柄，菱形，常浅裂③；花序具分枝3～20条，轴密被灰色或锈色的腺毛及短毛；花两性；萼片倒卵状圆形，白色或绿白色①，花瓣状；花瓣缺；退化雄蕊宽椭圆形，花药黄色或黄白色①；心皮2～5枚，花瓣状，密被灰色毛；蓇葖果长圆形②，基部渐狭成长2～3毫米的柄，顶端有短喙③；种子椭圆形，褐色，有横向的膜质鳞翅，四周有鳞翅。

生于山地林缘、林中。

升麻为二至三回三出羽状复叶，萼片白色，花瓣缺，蓇葖果长圆形。

伞花繁缕

石竹科 繁缕属

Stellaria umbellata

Umbrella Starwort | sǎnhuāfánlǚ

多年生草本，高5~15厘米；茎无毛，多单一，花期后常在叶腋生出分枝；叶对生，有短柄，椭圆状披针形至椭圆形②③④，长1.5~2厘米，宽4~5毫米，顶端急尖，基部渐狭；聚伞花序近伞形①③④；苞片3~5枚，卵形，膜质；花下有时具2对披针形膜质小苞片；花梗在果时常下垂；萼片5枚，披针形；无花瓣；雄蕊10枚，比萼片短；子房矩圆状卵形；花柱3枚，丝形；蒴果长为宿存萼的近2倍，顶端6裂；种子肾形，表面有皱纹。

生于草地。

伞花繁缕叶对生，椭圆状披针形至椭圆形，聚伞花序近伞形，萼片5枚，无花瓣，蒴果。

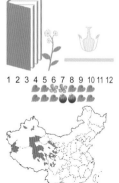

1 2 3 4 5 6 7 8 9 10 11 12

独行菜

辣辣根 十字花科 独行菜属

Lepidium apetalum

Apetalous Pepperweed | dúxíngcài

一年或二年生草本；茎直立，有分枝③，无毛或具微小头状毛；基生叶狭匙形，一回羽状浅裂或深裂；上部叶条形③，有疏齿或全缘；总状花序①②；萼片早落，卵形，外面有柔毛；花瓣不存或退化成丝状，比萼片短；雄蕊2或4枚；短角果近圆形或宽椭圆形①②③，扁平，顶端微缺②，上部有短翅，隔膜宽不到1毫米；果梗弧形，长约3毫米；种子椭圆形，平滑，棕红色。

生于路旁、沟边。

独行菜萼片早落，总状花序，花瓣不存在，短角果近圆形。

1 2 3 4 5 6 7 8 9 10 11 12

甘肃大戟 阴山大戟 大戟科 大戟属

Euphorbia kansuensis

Gansu Spurge | gānsùdàjǐ

多年生草本；具乳汁；叶互生，线形、线状披针形或倒披针形①；总苞叶3~5(或8)枚，同茎生叶①；苞叶2枚②，卵状三角形②；花序单生二歧分枝顶端；总苞钟状，边缘4裂②；雄花多枚，伸出总苞之外；雌花1枚；子房柄伸出总苞外；花柱3枚，柱头2裂；蒴果三角状球形。

生于山坡、灌丛、林缘。

相似种：泽漆【*Euphorbia helioscopia*，大戟科大戟属】一年生草本；具乳汁；叶互生，倒卵形或匙形③；茎顶端具5片轮生叶状苞③，与下部叶相似；多歧聚伞花序顶生③④，有5条伞梗③④；杯状花序钟形④，总苞顶端4浅裂。生于路旁、荒野、山坡。

甘肃大戟多年生草本，叶线形、线状披针形或倒披针形；泽漆一年生草本，叶倒卵形或匙形。

1 2 3 4 5 6 7 8 9 10 11 12

1 2 3 4 5 6 7 8 9 10 11 12

甘青大戟 疣果大戟 大戟科 大戟属

Euphorbia micractina

Tangut Spurge | gānqīngdàjǐ

多年生草本；具乳汁；叶互生，长椭圆形至卵状长椭圆形①，两面无毛，全缘；总苞叶5~8枚①②③，与茎生叶同形①；苞叶常3枚①②，卵圆形①②；花序单生于二歧分枝顶端①②③，基部近无柄；总苞杯状，边缘4裂；腺体4个，半圆形，淡黄褐色；雄花多枚，伸出总苞；雌花1枚②③，明显伸出总苞之外②；子房被稀疏的刺状或瘤状凸起②③；花柱3枚，基部合生；柱头微2裂；蒴果球状，果脊上被稀疏的刺状或瘤状凸起；花柱宿存，成熟时分裂为3个分果爿。

生于山坡、草甸、林缘。

甘青大戟具乳汁，叶互生，雄花多枚，雌花1枚，花柱3枚，蒴果球形，具瘤状凸起。

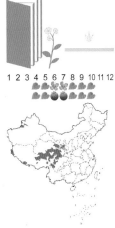

1 2 3 4 5 6 7 8 9 10 11 12

草本植物 花绿色或花被不明显

地锦 地锦草 大戟科 大戟属
Euphorbia humifusa
Humifuse Sandmat | dì jǐn

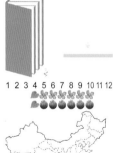

1 2 3 4 5 6 7 8 9 10 11 12

一年生草本；具乳汁；茎匍匐③，自基部以上多分枝③，偶而先端斜向上伸展，基部常红色或淡红色③，被柔毛或疏柔毛；叶对生①②③，矩圆形或椭圆形①②③，边缘常于中部以上具细锯齿①②；花序单生于叶腋①②③；总苞陀螺状，边缘4裂，裂片三角形；腺体4个，边缘具白色或淡红色附属物；雄花数枚，近与总苞边缘等长；雌花1枚，子房柄伸出至总苞边缘；子房三棱状卵形，光滑无毛；花柱3枚，分离；柱头2裂；蒴果三棱状卵球形①②，成熟时分裂为3个分果爿，花柱宿存。

生于路旁、田间、沙丘、山坡。

地锦具乳汁，茎匍匐，叶对生，雄花数枚，雌花1枚，花柱3枚，蒴果三棱状卵球形。

杉叶藻 杉叶藻科 杉叶藻属
Hippuris vulgaris
Common Mare's-tail | shān yè zǎo

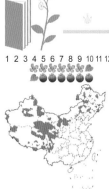

1 2 3 4 5 6 7 8 9 10 11 12

水生草本，高10～60厘米；具根状茎，植株上部常露出水面①②③；茎直立，不分枝；叶轮生①②③，4～12枚一轮，条形①②③，不分裂，略弯曲或伸直，生于水中的常较长而质地脆弱；花小，通常两性，较少单性，无花梗，单生于叶腋；无花被；雄蕊1枚，生于子房上，略偏一侧，很小；花丝被疏毛或无毛；子房下位，椭圆状；花柱稍长于花丝，被疏毛，丝状，顶端常靠在花药背部两药室之间；核果椭圆形。

生于池沼、湖泊、溪流、水湿处。

杉叶藻为水生草本，叶轮生，条形，花小，单生于叶腋，无花被。

问荆 木贼科 木贼属

Equisetum arvense

Field Horsetail | wènjīng

枝二型；能育枝春季先萌发③，黄棕色③；鞘筒栗棕色或淡黄色③，鞘齿9~12枚，狭三角形，孢子散发后能育枝枯萎；不育枝后萌发①②，绿色，轮生分枝多①，主枝中部以下有分枝；鞘筒绿色，鞘齿三角形，5~6枚，中间黑棕色，宿存；侧枝柔软纤细②。

生于路旁、沙地、荒原、溪边。

相似种:节节草【*Equisetum ramosissimum*，木贼科 木贼属】地上茎直立④，基部分枝；叶退化，下部联合成鞘④；孢子囊穗生分枝顶端(有时生小枝顶端)④⑤，矩圆形，孢子叶片六角形⑤，中央凹入⑤，盾状着生，排列紧密，边缘生孢子囊。生于潮湿路旁、沙地、荒原或溪边。

问荆枝二型，能育枝先萌发，黄棕色，不育枝后萌发，绿色；节节草枝一型，孢子囊穗生分枝顶端。

1 2 3 4 5 6 7 8 9 10 11 12

秦岭槲蕨 槲蕨科 槲蕨属

Drynaria sinica

Chinese Drynaria | qínlǐnghújué

附生植物：根状茎有宿存的光突叶柄和叶轴①；常无基生不育叶，有时基生叶顶部也生孢子囊群；正常能育叶的叶柄具明显的狭翅①，裂片16~25(或30)对①，顶生裂片常不发育；通常仅叶片上部能育，孢子囊群在裂片中肋两侧各1行②，靠近中肋。

生于山坡林下岩石上。

相似种:高山瓦韦【*Lepisorus eilophyllus*，水龙骨科 瓦韦属】叶片阔卵状披针形③，主脉上下均隆起；孢子囊群圆形或椭圆形④，位于主脉和叶边之间，彼此相距约等于2个孢子囊群体积，幼时被隔丝覆盖。附生于林下树干或岩石上。

秦岭槲蕨正常能育叶裂片16~25(或30)对；高山瓦韦叶片阔卵状披针形。

1 2 3 4 5 6 7 8 9 10 11 12

蕨 蕨菜 蕨科 蕨属

Pteridium aquilinum var. *latiusculum*

Western Brackenfern | jué

1 2 3 4 5 6 7 8 9 10 11 12

根状茎长而横走；叶近革质，叶片阔三角形或矩圆三角形①②，三至四回羽状①②，末回小羽片或裂片矩圆形①②；孢子囊群生小脉顶端的联结脉上，沿叶缘分布；囊群盖条形，有变质的叶缘反折而成的假盖。

生于林缘及荒坡。

相似种：银粉背蕨【*Aleuritopteris argentea***，中国蕨科 粉背蕨属】**叶柄红棕色④，有光泽④；叶片五角形③④，羽片3~5对③④，基部三回羽裂③④，中部二回羽状③④，上部一回羽状③④；叶上面绿色③，下面被乳白色或淡黄色粉末④，裂片边缘有明显而均匀的细齿；孢子囊群较多④；囊群盖连续，黄绿色④。生于石灰岩石缝中或墙缝。

1 2 3 4 5 6 7 8 9 10 11 12

蕨叶下面绿色；银粉背蕨叶下面被乳白色或淡黄色粉末。

掌叶铁线蕨 铁线蕨科 铁线蕨属

Adiantum pedatum

Northern Maidenhair | zhǎngyètiěxiànjué

1 2 3 4 5 6 7 8 9 10 11 12

叶近簇生，草质；向上直达羽轴均为栗红色③；叶掌状①②，下面灰绿色，二叉分枝①②，每枝上倒生有4~6片一回羽状的条状披针形羽片，末回小羽片斜长方形或斜长三角形①②③，顶端钝圆，上缘浅裂③；叶脉扇形分叉，孢子囊群生于由裂片顶部反折的囊群盖下面③；囊群盖肾形或矩圆形③。

生于山沟、林下、田边、路边。

相似种：白背铁线蕨【*Adiantum davidii***，铁线蕨科 铁线蕨属】**叶卵状至三角形卵状④，下面带灰绿色④；叶柄到小羽柄都为深栗色④；叶片三回羽状，末回小羽片扇形④，不育部分有阔三角形刺尖头的锯齿④；囊群盖质厚，肾形至圆形④，孢子囊群每末回小羽片1枚④。生于溪边石上。

1 2 3 4 5 6 7 8 9 10 11 12

掌叶铁线蕨叶掌状，末回小羽片斜长方形或斜长三角形；白背铁线蕨叶卵状至三角形卵状，末回小羽片扇形。

小香蒲　香蒲科 香蒲属

Typha minima

Mini Cattail ｜ xiǎoxiāngpú

　　多年生沼生或水生草本；茎细弱①，高16～65
厘米；花单性，雌雄同株①②，花序穗状；雄花序
生于上部至顶端①②，雌性花序位于下部①②，长
1.6～4.5厘米；雄花无被，雄蕊通常1枚单生；白
色丝状毛先端膨大呈圆形，着生于子房柄基部；坚
果。

　　生于河滩、低湿地。

　　相似种：水烛【*Typha angustifolia*，香蒲科 香
蒲属】茎粗壮④；雄花序轴具褐色扁柔毛；叶状苞
片1～3枚；雌花序长15～30厘米③，基部具1枚叶状
苞片；雄花由3枚雄蕊合生；雌花具小苞片；白色
丝状毛着生于子房柄基部，先端不成圆形。生于水
边、池沼。

　　小香蒲高度小于1米，雌花序长1.6～4.5厘
米；水烛高度大于1米，雌花序长15～30厘米。

葱状灯心草　灯心草科 灯心草属

Juncus allioides

Shallotlike Rush ｜ cōngzhuàngdēngxīncǎo

　　多年生草本；叶基生和茎生；基生叶常1枚；
茎生叶1枚，稀为2枚；叶片皆圆柱形，稍压扁；
头状花序单一顶生①，有7～25朵花①；苞片3～5
枚，褐色或灰色①，最下方(1～)2枚较大，在花蕾
期包裹花序呈佛焰苞状；花被片灰白色至淡黄色
①，内外轮近等长；雄蕊6枚，花药淡黄色①；柱
头3分叉；蒴果长卵形。

　　生于山坡、草地和林下潮湿处。

　　相似种：展苞灯心草【*Juncus thomsonii*，灯心
草科 灯心草属】叶全部基生，常2枚；叶片细线
形；头状花序单一顶生②，有4～8朵花②；苞片
3～4枚，开展②；花被片黄色或淡黄白色②；雄蕊6
枚，花药黄色②；柱头3分叉②；蒴果。生于高山草
甸、沼泽地及林下潮湿处。

　　葱状灯心草叶基生和茎生，苞片不开展；展苞
灯心草叶全部基生，苞片开展。

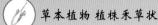

海韭菜　　水麦冬科 水麦冬属

Triglochin maritimum

Sea leek | hǎijiǔcài

1 2 3 4 5 6 7 8 9 10 11 12

1 2 3 4 5 6 7 8 9 10 11 12

多年生沼生草本；叶全部基生①，通常不超过花序，半圆柱形①；花莛直立①；总状花序有多数密生的花②；花梗花后常稍延长③；花被片6枚，鳞片状①，外轮3枚宽卵形，内轮3枚较狭，绿紫色②；雄蕊6枚；心皮6枚；柱头毛笔状②；蒴果椭圆形③，6棱。

生于湿润沙地、盐滩上。

相似种：水麦冬【*Triglochin palustre*，水麦冬科水麦冬属】 叶全部基生，半圆柱形；花莛直立④；总状花序顶生④，有多数疏生的花④；花被片6枚，鳞片状④，绿紫色④；雄蕊6枚，几无花丝；心皮3枚；柱头毛笔状④；蒴果近圆柱形⑤，成熟时开裂为3瓣。生于沼泽地、盐碱湿草地上。

海韭菜总状花序紧密，蒴果椭圆形；水麦冬总状花序疏松，蒴果近圆柱形。

高山嵩草　　莎草科 嵩草属

Kobresia pygmaea

Alpine Kobresia | gāoshānsōngcǎo

1 2 3 4 5 6 7 8 9 10 11 12

1 2 3 4 5 6 7 8 9 10 11 12

垫状草本①②；秆圆柱形①②；叶线形①②；穗状花序雄雌顺序，少有雌雄异序，顶生的2~3个雄性，侧生的雌性；雄花有3枚雄蕊；雌花柱头3枚；先出叶椭圆形，膜质，褐色；小坚果椭圆形或倒卵状椭圆形，扁三棱形。

生于高山草甸。

相似种：华扁穗草【*Blysmus sinocompressus*，莎草科 扁穗草属】 秆扁三棱形；苞片叶状；小苞片呈鳞片状，膜质；穗状花序1个，顶生③④⑤；小穗3~10多个④⑤，排列成二列或近二列④⑤；小穗有2~9朵两性花；下位刚毛3~6条，卷曲；雄蕊3枚，花药线状长圆形④，顶端具短尖④；柱头2枚；小坚果宽倒卵形。生于溪边、沼泽地、草地。

高山嵩草秆圆柱形，穗状花序雄雌顺序，花单性；华扁穗草秆扁三棱形，穗状花序由3~10多个小穗组成，排成二列，花两性。

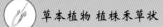

青藏薹草　莎草科 薹草属

Carex moorcroftii

Moorcroft Sedge　| qīngzàngtáicǎo

秆三棱形；小穗4~5个②；基部小穗具短柄，其余无柄①②；顶生1个小穗雄性①②，长圆形至圆柱形；侧生小穗雌性①②，卵形或长圆形；雌花鳞片卵状披针形，紫红色①②；果囊椭圆形倒卵形②，三棱形，黄绿色②，顶端急缩成短喙；柱头3枚。

生于高山灌丛草甸、高山草甸。

相似种：黑褐穗薹草【*Carex atrofusca* subsp. *minor*，莎草科 薹草属】秆三棱形；苞片最下部1个短叶状，具鞘③，上部鳞片状，暗紫红色；小穗2~5个③，顶生1~2个小穗雄性③，其余小穗雌性③；小穗柄纤细，稍下垂③；雌花鳞片暗紫红色或中间色淡③；果囊长圆形或椭圆形，顶端急缩成短喙；柱头3枚。生于河谷水边。

青藏薹草顶生1个小穗雄性，小穗无柄或具短柄；黑褐穗薹草顶生1~2个小穗雄性，小穗柄纤细，稍下垂。

1 2 3 4 5 6 7 8 9 10 11 12

1 2 3 4 5 6 7 8 9 10 11 12

膨囊薹草　莎草科 薹草属

Carex lehmanii

Lehman Sedge　| péngnángtáicǎo

苞片叶状，长于花序①；小穗3~5个①，顶生1个雌雄顺序；侧生小穗雌性；果囊膨胀①，淡黄绿色①，顶端具暗紫红色的短喙①；柱头3枚。

生于山坡草地、林中和溪边。

相似种：团穗薹草【*Carex agglomerata*，莎草科 薹草属】苞片最下面的1枚叶状②；小穗3~4个②，顶生小穗通常雌雄顺序；侧生小穗2~3个为雌小穗；果囊稍鼓胀②，淡黄绿色②，顶端渐狭成稍长的喙②；柱头3枚。生境同上。

黄囊薹草【*Carex korshinskyi*，莎草科 薹草属】小穗2~3个③；顶生小穗雄性；侧生小穗雌性；雌花鳞片淡棕色或深黄色；果囊倒卵圆形或宽椭圆形③，肿胀③，革质，金黄色③。生于草甸、草原。

膨囊薹草果囊膨胀，淡黄绿色；团穗薹草果囊稍鼓胀，淡黄绿色；黄囊薹草肿胀，金黄色。

1 2 3 4 5 6 7 8 9 10 11 12

1 2 3 4 5 6 7 8 9 10 11 12

芨芨草　禾本科 芨芨草属

Achnatherum splendens

Lovely Jijigrass ｜ jījīcǎo

　　多年生草本；秆丛生②；坚硬；叶片坚韧，卷折；圆锥花序开展①②；小穗灰绿色或带紫色①，含1朵小花，颖膜质，第一颖较第二颖短1/3，外稃顶端2裂齿；芒自外稃齿间伸出，直立或微曲，但不扭转，易落；内稃具2条脉而无脊；颖果。

　　生于微碱性的草滩上。

　　相似种：醉马草【*Achnatherum inebrians*，禾本科 芨芨草属】秆直立④，少数丛生；叶片质地较硬，直立，边缘常卷折；圆锥花序紧密呈穗状③；颖膜质，先端尖，常破裂，具3条脉；外稃顶端具2微齿，具3条脉，芒一回膝曲；内稃具2条脉；颖果。生于山坡草地、田边、路旁、河滩。

　　芨芨草圆锥花序开展；醉马草圆锥花序紧密呈穗状。

垂穗披碱草　禾本科 披碱草属

Elymus nutans

Drooping Lymegrass ｜ chuísuìpījiǎncǎo

　　多年生草本；叶片扁平；穗状花序较紧密①②③；小穗多少偏于穗轴的一侧，通常曲折而顶端下垂③，长5～12厘米，通常每节具2枚小穗；小穗成熟后带紫色②③，含3～4朵小花，颖长4～5毫米，具1～4毫米的短芒；外稃具5条脉。

　　生于高山草原。

　　相似种：老芒麦【*Elymus sibiricus*，禾本科 披碱草属】秆单生或成疏丛；穗状花序较疏松而下垂④，通常每节具2枚小穗，有时基部和上部的各节仅具1枚小穗；小穗灰绿色或稍带紫色④⑤，含4（或3）～5朵小花；颖具3～5条明显的脉，先端渐尖或具短芒；外稃具5条脉。生于路旁和山坡。

　　垂穗披碱草穗状花序紧密，小穗常具短柄，排列多少偏于穗轴一侧；老芒麦穗状花序疏松，小穗几无柄，排列不偏于穗轴一侧。

赖草　　禾本科 赖草属

Leymus secalinus

Common Aneurolepidium　|　làicǎo

1 2 3 4 5 6 7 8 9 10 11 12

　　多年生草本；具横走的根茎；秆单生或丛生①；穗状花序直立①②；小穗通常2~3枚生于每节，含4~7朵小花；颖短于小穗，线状披针形；外稃披针形，边缘膜质，背具5条脉；内稃与外稃等长，先端常微2裂；花药黄色②。

　　生于草地。

　　相似种：白草【*Pennisetum flaccidum***，禾本科狼尾草属】** 多年生草本；秆直立，单生或丛生③；圆锥花序紧密③④⑤；刚毛柔软④⑤，细弱，灰绿色或紫色；小穗通常单生，含2朵花；第一小花雄性，第一外稃与小穗等长，第一内稃透明，膜质或退化；第二小花两性；雄蕊3枚，花药黄色④⑤。生于山坡和较干燥之处。

　　赖草小穗含4~7朵小花，无刚毛；白草小穗含2朵花，有不育小枝形成的刚毛。

1 2 3 4 5 6 7 8 9 10 11 12

草地早熟禾　　禾本科 早熟禾属

Poa pratensis

Kentucky Bluegrass　|　cǎodì zǎoshúhé

1 2 3 4 5 6 7 8 9 10 11 12

　　多年生草本；圆锥花序开展①；小穗含3~5朵小花；第一颖具1条脉，第二颖具3条脉；外稃脊与边缘在中部以下有长柔毛，基盘具稠密白色绵毛。

　　生于湿润草甸、沙地、草坡。

　　相似种：胎生鳞茎早熟禾【*Poa bulbosa* subsp. *vivipara***，禾本科 早熟禾属】** 植株基部有小鳞茎；圆锥花序②；小穗胎生②③，具2~6朵小花，带紫色②③；外稃胎生，变为鳞茎状繁殖体，成熟后随风吹落，遇到条件萌发形成新植株。生于河畔沙滩、高山流石滩。

1 2 3 4 5 6 7 8 9 10 11 12

　　沿沟草【*Catabrosa aquatica***，禾本科 沿沟草属】** 常具匍匐地面或沉入水的茎⑤；圆锥花序开展④；分枝在基部各节多成半轮生④；小穗绿色、褐绿色或褐紫色④⑤，含1~2朵小花；花药黄色④。生于河旁、池沼及水溪边。

　　草地早熟禾无匍匐茎；胎生鳞茎早熟禾无匍匐茎，小穗胎生；沿沟草具匍匐茎。

1 2 3 4 5 6 7 8 9 10 11 12

狗尾草　　禾本科 狗尾草属

Setaria viridis

Green Bristlegrass ｜ gǒuwěicǎo

　　一年生草本；秆直立或基部膝曲；叶片条状披针形；圆锥花序紧密呈柱状①；小穗含1～2朵小花，基部有刚毛状小枝1～6条，刚毛通常绿色①，成熟后与刚毛分离而脱落；第一颖长为小穗的1/3；第二颖与小穗等长或稍短；颖果。

　　生于荒野。

　　相似种：金色狗尾草【Setaria pumila**，禾本科狗尾草属】**单生或丛生；秆直立或基部倾斜膝曲；叶舌具一圈长约1毫米的纤毛；叶片线状披针形或狭披针形；圆锥花序紧密呈圆柱状或狭圆锥状②，刚毛金黄色或稍带褐色②；第一小花雄性或中性，通常含3枚雄蕊或无；第二小花两性；颖果。生于山坡、路边及荒野。

　　狗尾草刚毛通常绿色；金色狗尾草刚毛金黄色或稍带褐色。

1 2 3 4 5 6 7 8 9 10 11 12

虎尾草　　盘草　禾本科 虎尾草属

Chloris virgata

Feather Fingergrass ｜ hǔwěicǎo

　　一年生草本；秆直立或基部膝曲①；叶舌无毛或具纤毛；叶片线形①，两面无毛或边缘及上面粗糙；穗状花序5～10余枚②，指状着生于秆顶②，常直立而并拢成毛刷状，成熟时常带紫色②；小穗含2朵小花，无柄；颖膜质，具1条脉；第一小花两性，外稃纸质，两侧压扁，具3条脉，沿脉及边缘被疏柔毛或无毛，两侧边缘上部1/3处有白色柔毛，芒自背部顶端稍下方伸出；内稃膜质，略短于外稃；第二小花不孕，仅存外稃，芒自背部边缘稍下方伸出；颖果纺锤形。

　　生于路旁荒野，河岸沙地、土墙及房顶上。

　　虎尾草穗状花序5～10余枚，指状着生于秆顶，小穗含2朵小花，第一小花两性，第二小花不孕，仅剩外稃。

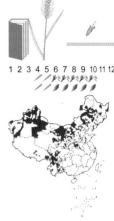

1 2 3 4 5 6 7 8 9 10 11 12

臭草 肥马草 禾本科 臭草属

Melica scabrosa

Scabrous Melicgrass | chòucǎo

多年生草本；秆丛生①，直立或基部膝曲，基部密生分蘖；叶鞘闭合近鞘口，常撕裂，下部者长于而上部者短于节间；叶舌透明膜质，顶端撕裂而两侧下延；叶片质较薄，扁平，两面粗糙或上面疏被柔毛；圆锥花序狭窄①；分枝直立或斜向上升；小穗柄短，纤细，上部弯曲②；小穗淡绿色或乳白色②，含孕性小花2~4(或6)枚，顶端由数个不育外稃集成小球形；颖膜质，具3~5条脉；外稃草质，具7条隆起的脉；内稃短于外稃或相等，具2条脊；雄蕊3枚；颖果纺锤形。

生于山坡草地、荒芜田野。

臭草圆锥花序狭窄，小穗含孕性小花2~4(或6)枚，顶端由数个不育外稃集成小球形，雄蕊3枚，颖果。

冰草 禾本科 冰草属

Agropyron cristatum

Wheatgrass | bīngcǎo

多年生草本；秆成疏丛；穗状花序较粗壮，矩圆形或两端微窄①；小穗紧密平行排列成2行①，整齐呈篦齿状①，含5(或3)~7朵小花；颖舟形，脊上连同背部脉间被长柔毛；外稃被有稠密的长柔毛或显著地被稀疏柔毛；内稃脊上具短小刺毛。

生于干燥草地、山坡、沙地。

相似种：苇状看麦娘【*Alopecurus arundinaceus*，禾本科 看麦娘属】多年生草本；秆直立，单生或少数丛生；圆锥花序长圆状圆柱形②，灰绿色②或成熟后黑色；小穗含1朵小花；颖基部约1/4互相连合，脊上具纤毛；外稃较颖短，约自稃体中部伸出，隐藏或稍露出颖外；雄蕊3枚，花药黄色②。生于山坡草地。

冰草穗状花序，小穗紧密平行排列成2行，整齐呈篦齿状，含5(或3)~7朵小花；苇状看麦娘圆锥花序长圆状圆柱形，小穗含1朵小花。

青稞 禾本科 大麦属

Hordeum vulgare var. *coeleste*

Common Barley | qīngkē

一年生草本；栽培；秆直立，光滑，高约100厘米，径4～6毫米；秆4～5个节；叶鞘光滑，大都短于或基部者长于节间，两侧具2个叶耳，互相抱茎；叶舌膜质，长1～2毫米；叶片长9～20厘米，微粗糙；穗状花序①，成熟后黄褐色或为紫褐色，长4～8厘米(芒除外)，宽1.8～2厘米；小穗长约1厘米；颖线状披针形，被短毛，先端渐尖呈芒状，长达1厘米；外稃先端延伸为长10～15厘米的芒①，两侧具细刺毛；颖果成熟时易于脱出稃体。

栽培。

青稞为栽培植物，穗状花序成熟后黄褐色或为紫褐色，外稃先端有长10～15厘米的芒。

1 2 3 4 5 6 7 8 9 10 11 12

燕麦 禾本科 燕麦属

Avena sativa

Common Oat | yànmài

一年生草本；栽培；圆锥花序疏松①②；灰绿色或略带紫色；小穗含2朵小花；第二颖几与小穗等长；外稃先端微2裂；第一小花雄性，仅具3枚雄蕊，花药黄色，第一外稃基部的芒可为稃体的2倍①②；第二小花两性，第二外稃先端的芒长1～2毫米；颖果。

栽培。

相似种：旱雀麦【*Bromus tectorum*，禾本科 雀麦属】**一年生草本；秆直立；圆锥花序开展③；分枝细弱，多弯曲③，着生4～8枚小穗③；小穗密集，偏生于一侧，稍弯垂③，含4～8朵小花；第一颖具1条脉，第二颖具3条脉；外稃具7条脉，芒自二裂片间伸出；内稃短于外稃；颖果。生于干旱山坡、河滩、草地。

燕麦小穗含2朵花；旱雀麦小穗含4～8朵小花。

1 2 3 4 5 6 7 8 9 10 11 12

1 2 3 4 5 6 7 8 9 10 11 12

中文名索引
Index to Chinese Names

学名（拉丁名）索引
Index to Scientific Names

后记 Postscript

本书编写过程中参考了《中国植物志》《中国高等植物图鉴》《青海植物志》《甘肃植物志》《西藏植物志》《甘肃河西地区维管植物检索表》《新编拉汉英种子植物名称》、*Flora of China*、中国数字植物标本馆（http://www.cvh.org.cn/cms）、中国自然标本馆（http://www.nature-museum.net）。

中文名以《中国植物志》为准，部分植物例外，如《中国植物志》中的长花马先蒿管状变种*Pedicularis longiflora* var. *tubiformis*，我们采用《西藏植物志》的名称"斑唇马先蒿"；北天门冬*Asparagus przewalskyi*在《中国植物志》未记载，我们采用*Flora of China*中的中文名称。

学名参照*Flora of China*，本书中的一些物种在*Flora of China*作了归并处理，如黄花山莨菪*Anisodus tanguticus* var. *viridulus*归并为山莨菪*Anisodus tanguticus*；欧氏马先蒿欧氏亚种中国变种*Pedicularis oederi* var. *sinensis*归并为欧氏马先蒿*Pedicularis oederi*；蓝靛果*Lonicera caerulea* var. *edulis*归并为蓝果忍冬*Lonicera caerulea*。

在本书的编辑中，中国科学院植物研究所的刘冰博士提供了编辑模板和技术指导；陈彬博士在生物数字标本上提供了重要的技术支持，使得本书所采用的许多植物照片均能在中国自然标本馆中查到；感谢陈世龙老师和孙坤老师审稿并提出的宝贵意见；感谢王乃昂教授提供的祁连山资料并对前言做的部分修改。兰州大学生命科学学院多届参加生物学野外实习的师生们参与了本书植物照片的拍摄和整理，尤其是蒲训、徐世健、蔡泽坪、石国玺和颜安在本书的图片处理和文字整理中做了大量工作，黄璞、黄哲夫和程进三位同学仔细审读了本书的初稿，提出了许多宝贵建议。黄超杰、林吴颖、王玉秋、唐杏姣、郝媛媛、黄璞、赵志光、朱旭龙和严岳鸿提供了部分照片，在此表示深深的谢意。本书的部分野外工作得到了国家重点基础研究发展计划项目（2012CB026105）、国家标本平台教学标本子平台（2005DKA21403-JK）和国家基础学科人才培养基金野外实践能力项目（J1210077）的资助。

由于水平有限、时间匆忙，疏漏之处在所难免，恳请读者批评指正。

冯虎元　潘建斌

2014年3月

《中国常见植物野外识别手册》丛书已出卷册